U0163019

赖特的有机建筑经典

约翰逊制蜡公司实验楼

帕尔默住宅

ORGANIC ARCHITECTURE LANDMARKS OF FRANK LLOYD WRIGHT

SC JOHNSON RESEARCH TOWER

PALMER HOUSE

马克·赫茨伯格

[美] 格兰特·希尔德布兰德 著

伦纳德·伊顿

杨　鹏　刘孟轩　　编译

中国建筑工业出版社

著作权合同登记图字：01-2020-6771号

图书在版编目（CIP）数据

赖特的有机建筑经典：约翰逊制蜡公司实验楼 帕尔默住宅 /（美）马克·赫茨伯格，（美）格兰特·希尔德布兰德，（美）伦纳德·伊顿著；杨鹏，刘孟轩编译 . —北京：中国建筑工业出版社，2020.10

书名原文：Frank Lloyd Wright's SC Johnson Research Tower，Frank Lloyd Wright's Palmer House

ISBN 978-7-112-25496-5

Ⅰ.①赖… Ⅱ.①马… ②格… ③伦…④杨…⑤刘… Ⅲ.①建筑设计—作品集—美国—现代 Ⅳ.①TU206

中国版本图书馆CIP数据核字（2020）第184901号

Frank Lloyd Wright's SC Johnson Research Tower by Mark Hertzberg
Frank Lloyd Wright's Palmer House by Grant Hildebrand with Ann and Leonard K. Eaton
The content of SC Johnson Research Tower Copyright © 2010 by Mark Hertzberg
The content of Frank Lloyd Wright's Palmer House Copyright © 2007 by the University of Washington Press
All rights reserved. No Part of this book may be reproduced in any form or by any means, electronic or mechanical, including photocopying recording, or by any information storage and retrieval system. Without permission in writing from above authors and copyright holders.
Reprinted in Chinese by China Architecture & Building Press (CABP)
Translation Copyright © 2021 China Architecture & Building Press

责任编辑：率 琦
责任校对：焦 乐

赖特的有机建筑经典
约翰逊制蜡公司实验楼
帕尔默住宅
ORGANIC ARCHITECTURE LANDMARKS OF FRANK LLOYD WRIGHT
SC JOHNSON RESEARCH TOWER
PALMER HOUSE

马克·赫茨伯格
[美] 格兰特·希尔德布兰德 著
伦纳德·伊顿
杨 鹏 刘孟轩 编译

*

中国建筑工业出版社出版、发行（北京海淀三里河路9号）
各地新华书店、建筑书店经销
北京点击世代文化传媒有限公司制版
北京富诚彩色印刷有限公司印刷
*

开本：880毫米×1230毫米 1/32 印张：6 字数：185千字
2021年4月第一版 2021年4月第一次印刷
定价：68.00元
ISBN 978-7-112-25496-5
（36414）

■ 内容简介

　　本书聚焦于赖特的两件有机建筑代表作品,从作品的诞生背景、设计和施工过程,到业主使用中的花絮,以及日后的修复等一应俱全。图片精致,文字简约流畅而信息量巨大,专业信息与社会影响力兼备。

　　落成于 1950 年的约翰逊制蜡公司实验楼,体现了建筑结构与材料集成的创举。自落成以来,它每年吸引数以千计世界各地的建筑师前来参观,对于日后高层建筑的结构与材料产生了深刻的影响。今天的建筑师和结构工程师,仍能从这座划时代的杰作汲取创造方式的灵感。它是美国建筑师协会认定的"最重要的赖特建筑作品"之一。

　　帕尔默住宅具有赖特作品固有的优雅气质和精妙的细节处理。正三角形母题,贯穿于整座建筑,从平面布局、结构体系到定制的灯具、家具,堪称"整体艺术"的典范。同时,把赖特毕生力行的"有机建筑"原则推向新的高度:建筑的局部元素和整体的密不可分、建筑和环境的水乳交融。帕尔默住宅被列入美国的《国家史迹名录》。

■ 编译者简介

　　杨鹏,毕业于清华大学、美国明尼苏达大学,先后任职于美国 Perkins+Will 事务所、华清安地建筑设计有限责任公司,现任教于中国人民大学艺术学院设计系,主要研究方向为 20 世纪现代建筑。

　　其他学术译著:《一部自传——弗兰克·劳埃德·赖特》《赖特的室内设计与装饰艺术》《埃拉蒂奥·迪埃斯特——结构艺术的创造力》《二十世纪经典建筑(平面、剖面及立面)》《格兰·莫卡特谈话录——华盛顿大学建筑系大师班设计课》《星际唱片——致外星生命的地球档案》。

　　刘孟轩,毕业于中国人民大学艺术学院、美国罗德岛设计学院,现就职于纽约的景观设计公司。

编译者序

本书介绍的两件赖特建筑作品，希望能够澄清两个普遍存在的误解。

误解之一："赖特基本上是私家住宅的建筑大师"。诚然，在大约 500 座实施的赖特作品当中，绝大多数是私家住宅，但是实施的大约 30 座公共建筑几乎都是突破性的"原型"，同时满足复杂的使用功能。在足以比肩的不到 10 位现代建筑大师当中，赖特设计的建筑功能类型之全面，仅次于"全能"的阿尔托。假如流水别墅从未建成，赖特对世界的贡献也不会受到什么关键性的影响。其作品集里还有教堂、公司办公楼、政府办公楼、博物馆、旅馆、学校和商店……，以及本书将要展示的实验楼。

约翰逊制蜡公司（SC Johnson），在中国名为"上海庄臣"（雷达灭蚊剂就是该公司的产品）。自 1886 年创办至今，仍为约翰逊家族所有（目前的总裁是第五代继承人），堪称现代企业的奇迹。由赖特设计的办公楼（1939 年）面世不久就成为建筑史教科书中的经典。与之相邻的实验楼（1950 年），是赖特构思多年的高层建筑原型的首次实施。许多著名高层建筑的特征主要是挺拔的体态和精致的窗框，而约翰逊制蜡公司实验楼全在于它独特的建造方式。建筑和结构完美合一，如同赖特崇尚的中世纪大教堂。

误解之二："赖特的住宅作品当中称得上恒久经典者，基本都是富豪不计成本的资助产物"。戴纳住宅、马丁住宅、蜀葵住宅、展翅住宅的确如此，更不必说流水别墅。然而，还有约 10 座面积不足 200 平方米的住宅——被赖特本人和他的知音们视为杰作，业主只是标准的中产之家，并且不是度假别墅而是数十年的唯一居所，包括雅各布斯住宅（同一业主的两座住宅）、威利住宅、汉纳住宅、大卫·赖特住宅（业主是建筑师的儿子）……。赖特晚年更是把中产之家的小住宅，当作他实现社会理想的载体，同时也是其最感兴趣的设计挑战。

1952 年建成的帕尔默住宅，男主人是密歇根大学的一位普通教师（甚至没有博士学位）。在赖特的 400 多座建成住宅中，难免有不少是把已有的原型稍加改动。但是帕尔默住宅却让 80 岁高龄的赖特颇为重视。除了东方人所说的缘分，或许因为他理解这对中年夫妇的目标远远不只是平淡生活的容器——为了当面和建筑师商谈方案，女主人曾独自驾车一趟往返 7000 公里！

本书的英文版原是分属不同出版社的两本独立著作。编译者刻意选择了这两本书，或者说这两座建筑合成一册。它们都在 20 世纪 50 年代初建成，属于赖特的晚期代表作，双峰并峙，并且在目前中国建筑界的知名度都比较低。

两本书的内容构架和写法很类似。首先，短小的篇幅聚焦于某一座建筑，不求创新观点，更无宏大叙事。其次，内容综合，行文朴实。内容除了专业性的文字描述、图片资料（如平面图、细部和施工照片等），还有大量不那么"学术"的当事人记录、日后采访。从建筑最初的缘起到委托、设计、施工中的波折，还有落成后的使用体验，历历在目，像一本生动的教科书，讲解建筑真正的"复杂性与矛盾性"。

本书的书名，是编译者特为二合一的中文版所起。15 层的化工企业实验楼和单层的小型私家住宅，从不同方向靠近赖特的"有机建筑"（Organic Architecture）理想。"有机建筑"就像一个含义模糊的咒语，赖特在演讲和谈话中多次提及，但是也明智地回避清晰的定义。他只是强调，有机建筑并非一种设计手法或者形式风格。它是一种抽象的原则，用来形容某些建筑，尊重自然规律并且模仿自然规律。

案例的比较是理解有机建筑的最佳方式。比如，与西格拉姆大厦（1958 年）相比，约翰逊制蜡公司实验楼更接近有机建筑；与伊姆斯住宅（1949 年）相比，帕尔默住宅更接近有机建筑。书中介绍的两件杰作如何具体地实现"有机"，不妨简单总结，它们分别模仿一棵大树或一个分形的雪花——但不是模仿形态，而是在最深刻的层面模仿自然奇迹生成的规律。

本书前半部分"约翰逊制蜡公司实验楼"由杨鹏翻译；后半部分"帕尔默住宅"中第 1 ~ 4 章由刘孟轩翻译，第 5 ~ 7 章由杨鹏翻译。书中原有的英制度量单位一律改为公制。感谢责任编辑率琦为两本书的统筹倾注了大量的心血。

幸运的赖特享受着建筑师最重要的幸福。两座建筑的业主都把他的作品视同自己的家人，数十年来精心照管。此刻，空置的实验楼仍在静静地等待，帕尔默住宅继续被另一对中年夫妇（2009 年购买）视为珍宝。无论它们有怎样的不完美，独特的风姿和坚固的主体至今未变。70 岁的人，多半老态龙钟，准备告别人生舞台。建成 70 年的建筑，会有怎样的未来呢？

杨鹏

2020 年 3 月

于中国人民大学艺术学院

目 录 ————

约翰逊制蜡公司实验楼

帕尔默住宅

约翰逊制蜡公司实验楼

撰文、摄影：马克·赫茨伯格

前言：布鲁斯·布鲁克斯·法伊弗

　　位于威斯康星州拉辛市的"约翰逊制蜡公司实验楼"是现代建筑中最具创新性的经典之一。这座 15 层的实验楼于 1950 年落成，采用赖特提出的"主根"式结构基础，各层楼板像树枝一样从平面中央的结构核心筒挑出，真正实现了建筑与结构形式的统一。

　　1943 年，约翰逊制蜡公司的总裁委托赖特设计一座供产品研制开发的实验楼。建筑师以一栋竖直挺拔的塔楼，与他七年前设计的呈水平流线形态的办公楼相互映衬。除了结构形式，它还集成了多方面的创新，包括两层的复式办公空间单元、耐热玻璃管幕墙。令人遗憾的是，落成投入使用 31 年之后，实用功能方面的缺陷导致它被迫关闭。

　　书中以翔实的第一手资料和历史照片描述了建筑设计、施工过程中的波折趣闻，记录了曾在实验楼中工作多年的化学家们的回忆和感受。

作者简介

　　马克·赫茨伯格（Mark Hertzberg），是一位获奖摄影记者，担任拉辛市《每日时报》的摄影总监。赫茨伯格生于纽约，拥有森林湖学院的国际关系专业学士学位，他既是一位狂热的赖特建筑研究者，也是一位自行车骑行爱好者。

致　谢

　　我满怀敬意地把这本书献给我的朋友——"警察与儿童阅读中心"的创办人朱莉亚·伯尼·威瑟斯彭。是你教会了孩子们热爱读书、珍视书籍。

　　写一本书带来的乐趣之一，是借此向帮助我完成它的人们表示感谢。首先当然是感谢我的家人们：辛迪、亚当、艾伦和凯瑞。

　　许多具有远见的人（其中某些难以查知姓名）悉心保存着建筑师赖特的信件，它们是完成这本书不可或缺的资料。我要感谢赖特基金会的布鲁斯·布鲁克斯·菲弗尔。他为本书撰写的前言，精炼地总结了这座实验楼的重要意义。此外，我还要感谢赖特基金会档案部的伊丽莎白·道萨利、奥斯卡·穆尼奥斯提供的帮助。

　　已经去世的山姆·约翰逊（赫伯特·约翰逊的儿子）听说我正在筹划《赖特在拉辛》（我的第一本书）。他鼓励我："这个世界并不需要再多一本关于赖特的泛泛之作，但是仍需要一本关于他在拉辛的这座建筑的著作。"赖特对于拉辛市，对于约翰逊制蜡公司意味着什么？山姆把他父亲和他本人对于赖特作品的敬意和理解传递给了孩子们。如今他们继续呵护着、传播着这些非凡的建筑。

　　我能够撰写这些文字、拍摄这些照片，首先得益于约翰逊制蜡公司的配合。尤其要感谢格雷·安德艾格，20世纪80年代初他陪同我第一次参观这座实验楼。还有公司的多位职员，都热情地配合我参观建筑或查阅档案。考虑到当时他们正忙于新建的"弗特莱萨厅"的落成典礼，仍挤出时间提供帮助，令我不胜感激。

　　在约翰逊制蜡公司建筑的导游们举行的一次会议上，我向参会者展示了塔楼的室内照片，参会者的意见使我收获了许多用于本书的资料。我还要感谢希拉里·巴伦给我机会拍摄这些照片，用于她在 2007 年赖特建筑保护协会的年会发言。

书中丰富的趣闻轶事让这座建筑变得鲜活真实，它们来自我采访的多位参与建造或者在其中工作的当事人。让这座塔楼变得鲜活的许多故事来自吉姆·巴贝拉和弗雷德·比尔曼博士，尤其是弗雷德·比尔曼博士，他召集曾在实验楼里工作过的化学家们共同回忆往事。我还要感谢凯利·伯顿、理查德·卡朋特、丹·格罗斯博士、赫伯特·卡佩尔、塞尔吉·罗根、戴维·罗威、吉姆·梅、埃尔默·尼尔森、罗伯特·奥利维罗、比尔·佩雷兹、弗雷德·瑞奇利、亨利·拉斯博尔特等。我还要特意感谢迪克·西蒙，送给我实验楼形状的打火机，感谢威特博士和盖尔·福克斯，后者介绍我认识了拉斯博尔特。

乔纳森·李普曼和罗伯特·哈特曼曾无私地分享了他们对于赖特的研究成果，审阅我的书稿，帮助我完成了此前的两本书。在本书的写作过程中，他们同样提供了极其重要的帮助。

赫伯特的女儿凯伦·博伊德敞开她的家庭图书馆供我查阅资料。25 年前拍摄"展翅"住宅❶，是我作为职业摄影师承接的第一项业务。从那时起，我和凯伦的丈夫博伊德就成为朋友。杰克·拉姆塞的女婿斯图尔特·麦考雷为我提供了拉姆塞和赖特之间往来的信件。

拉辛遗产博物馆的档案管理员理查德·阿曼提供了宝贵的帮助。橡树空地博物馆的吉拉德·卡沃夫斯基提供了老明信片。俄克拉何马州普莱斯大厦的参观讲解员斯科特·珀金斯分享了这座大厦的照片与信息。玛丽·汉密尔顿、詹姆斯·菲恩、唐娜·纽高德和芭芭拉·沃尔特提供了两组印第安人雕像的信息，并在我的调研过程中提供了资料帮助。飞行员及航拍摄影师克里斯·瓦弗罗，驾机带我航拍公司园区。

我要感谢斯科特·安德森和格里高利·舍弗这两位《每日时报》的摄影师同事，他们在我请假完成这本书期间分担了我的工作。

❶ "展翅"（Wingspread）是赖特为赫伯特·约翰逊设计的私家住宅，位于拉辛附近，1937 年建成。因平面布局如四条从中心向外伸展的长肢而得名。——译者注（本书脚注均为译者添加，全书下同）

凯特·雷明顿慷慨地向我提供《建筑论坛》（*Architectural Forum*）杂志几十年前的过刊。卡茜·凯斯特顿帮助我在"盖蒂研究所"查找信件。"威斯康星历史学会"的哈里·米勒，提供了我所需的材料。

我的弟弟迈克尔、皮考克博士和大卫·斯坦克劳斯对我的文稿提出批评意见。最后，我要感谢蓝调、爵士和 R&B 的音乐家们，在我写作时，他们的作品启发我的灵感。

图 1-1　塔楼外立面上连续的半透明玻璃幕墙在东、南和西三个方向都能照到阳光

前　言

"弗兰克，为什么不向高处去呢？"

弗兰克·劳埃德·赖特相信人类怀有一种根深蒂固的期盼：树立高耸挺拔的建筑。这种渴望可以回溯到《圣经》里的巴别塔、古代巴比伦王国的空中花园。

赖特第一次尝试"高塔"建筑，是他30岁（1897年）刚刚开设自己事务所的时候。赖特的两位姨妈在威斯康星州的乡野共同创办了"山坡家庭学校"，那是一所寄宿制的男女混合小学。她们请建筑师外甥在学校旁设计一座支撑风车的木塔。赖特的设计颇具新意，既稳固实用，又富有造型的美感，几十年来始终是当地的一道风景。他给这座风车塔起名为"罗密欧与朱丽叶"❶：高耸的罗密欧是支撑风车的木塔主体，略低一些的朱丽叶依偎在旁，顶部有一片带玻璃窗的观景平台——从那里可以饱览四周山谷和农场的美景。直到晚年，赖特经常自豪地提到这座风车塔，视之为自己的第一件"工程杰作"。

终于又有一次机会让他实现高耸挺拔的建筑梦想。赫伯特·约翰逊委托他设计一座实验楼。他和这位熟悉的业主在七年前的成功合作，创造出一件落成不久就举世闻名的建筑经典。对于这项新的委托，赫伯特提议："弗兰克，为什么不向高处去呢？"在风车塔建成46年之后，赖特显然很乐意再设计一座"高塔"，而最终的成果证实，它的确是另一件工程与建筑结合的经典。

过去的50年里，介绍赖特作品的出版物已经有近百种之多。有史以来，没有第二位建筑师获得过如此普遍的赞誉和深入的研究。乔纳森·李普曼的《赖特和

---

❶ "罗密欧与朱丽叶"安然伫立，直至1992年拆掉，依照原样重建。

约翰逊制蜡公司》（1986 年），是一本精彩的专著，详尽地介绍了办公楼和实验楼。

本书目前仍然有它独特的价值，它专注于实验楼的设计、建造和使用过程。尤其可贵的是，书中包含了对多位化学家的采访，他们讲述了在实验楼里工作多年的喜忧体验。简而言之，它讲述了这座非凡却又命运不幸的建筑的故事。

布鲁斯·布鲁克斯·法伊弗（Bruce Brooks Pfeiffer）

2010 年 1 月

于西塔里埃森

绪　论

约翰逊制蜡公司的斯坦勒博士（Dr. Vernon Steinle，1898 ～ 1984 年）是这家化工企业的首席科学家。他为二战结束后公司的发展提出的实验楼策划，与赖特的创造一种崭新高塔建筑的构想，在威斯康星州的拉辛市神奇地汇合了。

每年大约有 4500 名来自世界各地的人来到这家企业的总部参观，但他们只能从外面注视这座高高的实验楼，因为它从 1981 年就关闭了。

赖特在 1936 年设计约翰逊制蜡公司办公楼的时候，已经模糊地构想出整个企业园区的面貌，把一座高耸的塔楼视为整个园区设计的一部分。十几年后实施的实验楼和它的庭院，就是整部乐曲的尾声。如果仅仅是斯坦勒博士想象的一栋独立的建筑，那是换成任何一位建筑师都能胜任的。

1943 年，斯坦勒博士向公司总裁赫伯特·约翰逊提交了一份 28 页的备忘录，策划建造一座新的实验楼。赖特交付的成果，是一座承载着科研功能的建筑地标。

实验楼的施工过程，就像巨人国孩子们玩的积木游戏。根本没有常见的墙。平面呈正方形或圆形的楼板，每隔一层，交替着悬挂在中央的结构主干。这种从未见过的建筑立刻吸引了拉辛当地民众的关注。英语教师玛格丽特·若汉在本地的《时代日报》（1950 年 9 月 9 日）撰文写道："我时常从窗口望出去，欣赏那座建造中的塔楼，尤其是它被月光照亮的时候。我是从纯粹的美学角度欣赏它。月夜下的它，足以和我永远铭记的那些美妙夜景比肩：月光下肃穆的罗马大斗兽场、

图 1-2　施工中的塔楼，拍摄于 1949 年 6 月 14 日。各层楼板像放大版的儿童积木，圆形和方形的楼板交替向上垒放。沿楼板周边的墙体都不是承重构件，施工中先浇筑从核心筒悬挑出的楼板，再砌筑墙体

月光下壮丽的阿尔卑斯山，还有月夜的苏莲托 ❶ 如同天堂的前厅。新建的这座塔楼以它独特的方式激荡着我的心灵，就像罗马大斗兽场、阿尔卑斯山或者苏莲托……正如贝多芬的《第五交响曲》是音符谱写的诗，柯罗 ❷ 的《林妖的舞蹈》是油彩谱写的诗，这座建筑是混凝土和玻璃谱写的诗。"

《生活》周刊（1950 年 12 月 11 日）也配图介绍："上个月到拉辛的游客，都注意到城市平坦低矮的天际线发生的变化。它就像一串巨大的线圈，放在纤巧的支座上。暮色中楼内灯光闪耀，那是约翰逊制蜡公司新建的实验楼。"

1950 年 11 月 17 日，拉辛当地《每日时报》的头版内容，就是实验楼的落成典礼，并且引用了赫伯特·约翰逊和斯坦勒博士在典礼上的致辞。赫伯特讲道："这座建筑雄辩地证明，一座建筑要么是杰出的，要么一无是处。我们是为明天而建造"。斯坦勒博士讲道："现在，约翰逊制蜡公司的科学家们必须向世界证明，非凡的环境将激发非凡的研究成果。"

然而在它华丽的面世仅仅 31 年之后，就被迫停止使用。实验部门搬入街道对面的一座改造后的医院。

实验楼在 1950 年的落成，对于业主和建筑师都异常重要。它标志着这家企业的发展进入一个崭新的阶段，开始研发新的蜡制品和蜡之外的产品。赖特珍视这个机会，实现了自己酝酿多年的高层建筑的大胆构想。早在 20 世纪 20 年代末，他就以类似的结构形式设计了一座位于纽约的高层公寓（并未实施）。

竖直挺拔的实验楼和水平方向流线型的办公楼，如同一对相互映衬的伙伴。两座建筑的外墙面砖都采用赖特签名式的深红色（赖特称之为"切诺基红"），玻璃幕墙采用耐热玻璃（Pyrex）材质的玻璃管。办公楼使用了总长度约 70 公里的玻璃管，实验楼使用了约 28 公里长的玻璃管。屋顶都有被他戏称为"鼻孔"的圆形通风井。

当然，这座独特的实验楼存在不容忽视的功能缺陷。它难以扩建，无法容纳不断添加的新设备和人员。最为重要的是，它无法满足日后严格的高层建筑防火

❶ 苏莲托（Sorrento），意大利南部风景秀美的小镇。
❷ 柯罗（Camille Corot，1796 ~ 1875 年），法国著名画家。

规范，被迫停止使用。只有经过代价高昂的改造，才有可能重新启用。

　　凯利·伯顿曾经在这座实验楼里工作了 16 年，他这样评价道："它的确有一些问题，但是从整体的角度衡量，它仍是一件杰作。置身其中，你会时刻提醒自己，这里容不得平庸。"

图 1-3　约翰逊制蜡公司的办公楼和实验楼，外墙面砖都采用赖特签名式的深红色（"切诺基红"），采用耐热玻璃材质的玻璃管幕墙，屋顶都有被他戏称为"鼻孔"的圆形通风井

第1章　人物群像

■ 科学家

斯坦勒博士（1898～1984）的一生值得自豪。他去世后就长眠在拉辛，他的科学成就（包括七项专利）刻在墓碑的一块铜牌上。他的同事威特博士从1946～1984年一直都在公司的研究和发展部工作。在他眼中，斯坦勒博士"非常敏锐而富有远见，做事周密，总是很有条理。"

在斯坦勒博士提交给总裁赫伯特的一份备忘录里，他以非常谦虚的口吻提出新建一座实验楼的构想："战争结束之后公司充满希望的前景，迫使我花费几个小时把自己过去几年里关于科研部门未来发展的思路仔细地整理并且记录下来。在你（赫伯特）的阅读过程中，请理解这些思路目前还只是梦

图1-4　斯坦勒博士

想。我能感受到你也喜欢梦想，但是更喜欢把可行的梦想变成牢固的现实。这份材料或许包含某些有价值的内容，有助于你对公司的长远规划。当然，它毕竟只是我发自个人意愿的梦想。"

具体的构想包括：公司现有的研究人员（包括科学家、工程师和技师）的数量翻倍，达到50人，共同在一座新的实验楼里密切合作。他建议，在现有的办公楼北侧建造一座2层高的建筑，平面接近U形，使现有的面积约1300平方米的科研空间扩展到4100平方米。随着未来的发展，三面围合的庭院还可以扩建为

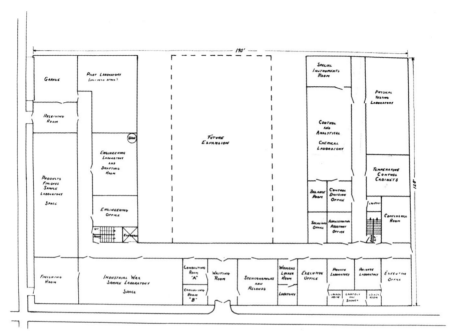

图 1-5　1943 年，斯坦勒博士提交给赫伯特的实验楼平面布局草图

新的实验室。

由赖特设计并最终建成的实验楼，地上共 15 层，连带毗邻的新建办公室，总面积达到约 9800 平方米。

■ 建筑师

一家化工企业的实验楼——业主赫伯特认为"类似普通厂房"就好，这样的项目貌似寻常乏味。然而，建筑师赖特总是喜欢带给业主幻想一般的惊奇。他的建筑手法以舒展的水平线条而著称。其实他一直渴望有机会实现高层建筑的构想。

当时 20 岁出头的赖特曾是建筑师路易斯·沙利文（Louis Sullivan）的得力助手，而沙利文正是高层办公楼的先驱。在赖特的事业初期，他的结构意识和应用已经超过了导师沙利文。例如，赖特早期的"草原风格"住宅，都有出挑尺度惊人的屋檐。

赖特在他的《一部自传》里，详细描述了他如何在东京"帝国饭店"利用悬挑结构：

"何不像侍者端盘子那样，手臂高举，指端托住盘子中心来平衡荷载？所有楼板的结构支撑点都在楼板中心，而不是像通常那样搭在楼板边缘的墙体上。换言之就是悬挑，所有结构原理中最浪漫也最自由的一种。对这座建筑而言，也意味着最为合理。"悬挑和其他几项结构创新在 1923 年 9 月 1 日的关东大地震中拯救了帝国饭店，它的主体结构几乎完好无损。

德国建筑师密斯也曾在 1922 年提出悬挑楼板的"玻璃摩天楼"方案。赖特第一次以悬挑楼板为特征设计的高层办公楼，是 1924 年完成的"芝加哥国民保险大厦"，外立面采用落地玻璃幕墙和竖向铜窗梃。不久后的 1927 年，他在此基础上设计了纽约的"圣马可公寓"（20 层）。所有楼板都由位于平面中央的结构核心筒向外悬挑。这种高层结构形态被赖特比作大船的龙骨。结构核心筒的基础像树根一样深深地扎入地下，被他称作"主根"（Tap-root）。

赖特的许多建筑灵感都源于自然界。少年时代的他就在农场和树林里注意到，有直而粗壮主根的树，比只有散开根须的树生长得更牢固。他设想的高层建筑酷似一棵大树。从深埋地下的混凝土"主根"长出中空的混凝土树干。树干里包括电

图 1-6　建筑师弗兰克·劳埃德·赖特和业主赫伯特·约翰逊

梯、楼梯和管道（输送维持建筑运转的液体和气体）。从第二层开始的共计14片楼板，就像树枝那样从树干向外挑出。

与常见的高层建筑不同，所有外墙都只是围护性质而不承重，因为楼板的荷载完全由核心筒承担。赖特坚持认为，采用"主根"结构形式和玻璃幕墙，会比同样体量而采用"钢框架加砌块外墙"的高层建筑减少三分之一的自重，同时结构也更加稳固。

芝加哥国民保险大厦和圣马可公寓都没有实施，但是赖特把这种独特的形式陆续用在其他高层建筑方案里。位于拉辛的实验楼终于让他的构想真实地拔地而起。

■ 业主

赫伯特·约翰逊（Herbert Johnson Jr.，1899～1978年）掌管着这家生产日用化工品的大型家族企业。父亲去世后，28岁的赫伯特雄心勃勃地接管了公司。在20世纪30年代的大萧条期间，公司的销售量明显下滑，但是他仍想方设法，尽量不解雇员工，同时努力地为公司发展寻找新的机会。1932年，他领导下的公司推出了新的旗舰产品"Glo-Coat"地板蜡。

1936年，他第一次见到赖特的时候，业主的年龄几乎是建筑师的一半。当时，拉辛本地一位建筑师设计了公司的新办公楼，一切准备工作就绪，几个星期之后即将开工。然而，公司的几位高级经理对于设计方案都很不满意。他们竭力劝说总裁约翰逊拜访一位能够创造奇迹的建筑师。

两人的首次会面貌似并不愉快。赫伯特和赖特的谈话就像一场争吵，他们对所有问题的看法都持相反的观点。唯一的例外，是他们最喜欢的轿车都是林肯的"西风"（Lincoln Zephyr）——拥有夸张的流线型车体。然而赫伯特内心深处已经意识到，他遇到了和自己有缘的建筑师，于是果断地解雇了原先的建筑师。这一戏剧性的变化让小城拉辛的名字和一座奇特的流线型建筑永远联系在一起。

1939年正式启用以来，约翰逊制蜡公司办公楼吸引了无数建筑师和普通游客的参观，成为现代建筑史上公认的经典。此后，赫伯特又委托赖特设计了几座建筑，包括他自己的新住宅："展翅"。

　　赫伯特·约翰逊既是公司的总裁，也是一位化学家。在他心目中，科研对于公司发展的重要性从来不容动摇。"当公司的销售业绩下滑，你绝不能削减对科研的投入。恰恰相反，你需要对科研投入更多。"

图 1-7 新建的塔楼项目包括实验楼停车棚北侧的新办公空间，以及塔楼东侧、北侧和西侧的柱廊庭院（东侧和西侧的柱廊后来封闭改造成实验室和办公室）。塔楼和办公楼的屋顶上都有被赖特戏称为"鼻孔"的圆形通风井

第2章 设计的波折

赖特设计的办公楼落成不久就成为建筑经典，吸引众多媒体和建筑师前来参观，产生了可观的广告效应，但是其工期和造价都远远超出预算。有鉴于此，赫伯特·约翰逊最初并未决定委托赖特设计新的实验楼。

他在 1943 年 10 月 4 日给赖特的信中写道："弗兰克，坦率地讲，我们无法再一次承受追加成本和施工周折的噩梦。这个实验楼类似于普通的施工承包商就能应付的普通厂房。当然，它身旁就是你的天才杰作，应当保持和谐的关系。出于必要的礼貌和公平，我希望在设计开始之前，听到你想在其中充当何种角色的答复。"

赖特在四天之后的回信中写道："我看到来信所附的 U 形布局草图。我希望这样的建筑在科研方面的表现胜过它在整个园区规划方面的表现，因为它似乎在和旁边的办公楼争斗，并且削弱我的杰作的魅力……我认为我们接下来要做得非常简单……每一座建筑都是实现理想的机会。那么至少让我们瞄准正确的目标。"

赖特提议会面商谈，但是赫伯特婉言拒绝。很可能是因为他担心一旦面对面，自己会经不住赖特的妙语连珠，拱手献上实验楼的设计委托。他坚持和赖特通信沟通。在一封信中，他抱怨战争期间的汽油定量配给，他无法开车从拉辛去赖特的住所塔里埃森。他甚至没有足够的汽油烧锅炉供暖，不得不搬出空旷豪华的"展翅"住宅。

最终，赫伯特给赖特打来电话。这次通话成为关键的转折点。据赖特日后的回忆，赫伯特希望看到各种可能的比较方案。或许是因为赫伯特回想起，1936 年办公楼的设计过程中赖特就提到如果需要扩建，应当有一座高塔和水平伸展的办公楼相互映衬。他在电话里提议："弗兰克，为什么不试试？"

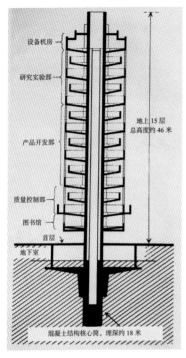
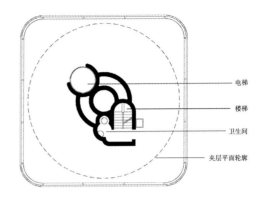

图 1-8 实验楼是赖特唯一实现的名副其实的"主根"建筑（剖面图与平面图）

"那正是我想要的。"建筑师回答。

赖特在后续的信中写道："我见识过许多所谓的实验楼，就像一大摊方盒子，管道四处攀爬，任何人都能随意穿行……我们的解决方式是竖起一根支撑各层楼板的中央核心筒。围绕核心筒的各层空间宽敞明亮，实验所需的水平方向的管道埋设在中空的楼板里，再汇集到核心筒里的井道。

我认为这是一种自然而然生成的解决方案，我们不妨把它称作'阳光实验楼'（Helio-Lab，Helio 源自于希腊语'太阳'）。它能够自主地呼吸，包裹着外立面的玻璃墙，让所有工作空间沐浴着宜人的阳光。我们会得到比通常的高层建筑多一倍的阳光和净使用面积。"

1943 年 12 月，赖特完成了初步的建筑方案。他以惯常的自信向赫伯特解释

图 1-9 环绕着核心筒，每一对主楼层和夹层的楼板平面，分别是正方形（圆角）和略小一些的圆形。照片所示的这一夹层有封闭的玻璃幕墙，但绝大多数夹层是开敞的。20世纪 70 年代为适应消防规范而加建的防火墙，阻断了赖特设计的流通空间。在立面内的侧平板玻璃拆除之后，登山绳一端固定在顶棚上的通风罩，另一端固定在主楼层角部以加强其稳定性

图 1-10　赖特最初的设计方案，塔楼呈上大下小的收分。经过造价估算，
被赫伯特彻底否决。图中可以看到首层有玻璃围合的接待区。
在施工的后期，赖特做出修改，让首层的核心筒完全显露

道："它成功地实现了你所提议的'向高处去'，其完美的程度令我自己都感到意外。
这个方案让建造的成本物有所值，也让建造这座新实验楼获得其他任何方案都无
法产生的价值。简而言之，整体的意义远远大于局部，整体的优势将带给你无与
伦比的价值。"

20 世纪 20 年代的圣马可公寓方案,特征之一是两层通高的"复式"公寓单元,每层包括四个单元。类似的两层"复式"空间单元沿用于实验楼。环绕着核心筒,每一对主楼层和夹层的楼板平面分别是正方形(圆角)和略小一些的圆形。主楼层的正方形边长约 12 米,夹层的圆形直径略小于此。每一层的混凝土楼板都是中空的,由底板和顶板构成。新风由楼板的空腔,通过底板(即顶棚)上的通风口流入工作空间。主楼层的立面(即外立面)由面砖和玻璃管幕墙组成,夹层以透明玻璃幕墙围合。

"复式"空间单元的形式源自赖特惯用的空间的"压缩—释放"原则。他希望参观者先体验较低矮的空间,再进入豁然开朗的高大空间。在主楼层贴近核心筒的位置(刚走出电梯或楼梯),空间的净高仅有约 2 米。从主楼层顶板到上一个主楼层地板的净高接近 5.4 米。

与圣马可公寓相仿,在实验楼的最初方案里,塔楼的每一层平面也随层数变高而逐渐变大。据实验楼的施工承包商尼尔森的儿子埃尔默·尼尔森回忆:赖特希望塔楼呈现上大下小的收分效果。最顶层的平面边长 13.2 米,比首层的边长多 2.4 米。施工承包商估算了由此而增加的造价,提交业主方的建筑师哈拉玛。赫伯特看过之后,果断地说:"不必考虑了。"

立面有收分效果的方案虽然夭折,但是具有强烈的视觉效果。日后它出现在多种出版物中。1950 年,企业的科研开发部自办的刊物《约翰逊实验楼时报》(*The Johnson Tower Times*),第一期的图标就是这个收分方案。当实验楼正在按照最终方案施工时,赖特仍念念不忘他心仪的收分效果,把它刊登在《建筑论坛》杂志的赖特作品专刊。他坚持认为:"楼层变高的同时变大,有利于较低楼层的玻璃保持干净,并且让采光和视野更佳的楼层拥有更大的空间"。

赖特修改后的方案是无立面收分的 18 层塔楼,只有首层和二层的平面略缩小,而其余各层统一。赫伯特的意见是:"大量非功能性的活动"转移到邻近的新建多层办公空间,这样就可以让塔楼削减 4 层。他建议建筑塔楼的首层主入口朝向南面(即已有的办公楼),而不是东面。此外,他还责怪赖特在邻近的新建低层办公空间里设计了过于夸张的采光中庭。

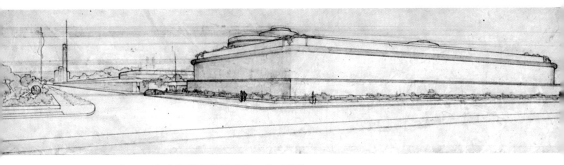

图 1-11 如 1936 年办公楼的草图所示，当时赖特
已经构想一座高塔位于园区北端

图 1-12 流线型的办公楼和高耸挺拔的实验楼，相互衬托。右侧
的大门是赖特的助手彼得斯设计，于 1969 年安装

1944 年 2 月初，赖特在拉辛见到了斯坦勒博士。两天后，博士给建筑师去信："我完全赞同你追求的简洁。在不牺牲实用功能或者让我们的建筑能适应情况变化的前提下，我会尽力配合你。"他的表述实为先见之明。这座建筑的缺陷之一，就是日后难以适应功能变化、无法扩建。

斯坦勒博士答应赖特，向他提供建筑使用中的"生命器官"在各层平面的布局。煤气和化学实验原料需由管道接引到科研人员的工作台。

■ 朋友与对手

最初提议让赖特设计办公楼的人，是公司的执行经理杰克·拉姆塞（Jack Ramsey）。当赫伯特在国外旅行期间，他和赖特在推进的实验楼问题上发生了争执。赖特在塔楼和已有的办公楼之间设计了三条天桥连廊。拉姆塞在信中反驳："首先，他（赫伯特）不喜欢那些天桥。其次，他不会接受那些没有实用功能、只是让庭院封闭起来的漫长的砖墙。"最终只建成一条天桥连廊。

在 1936 年完成的一幅透视草图里，办公楼只是整个园区的一部分。赖特已经构想在园区北端树立一座高塔，位于封闭的庭院里。办公楼西北角的停车楼有弧线形的砖墙。如今，这面砖墙与围合实验楼的庭院西侧的砖墙，天衣无缝地衔接为一体。

拉姆塞从不怕挑战赖特。他把设计中庭院的墙称作"长城"。他在信中写道：

"总体而言，我很欣赏方案的美感。与此同时，我的理智让我无法接受被你捆绑在一起的实验楼、停车楼和新建的附属办公楼；孤立在庭院中的塔楼只能通过天桥连廊才能到达，而所有这些都被光秃秃的墙包围。

所有这些，是否早在办公楼建成的时候就存在于你的头脑里，而你总要抓住机会实现梦想中的圆满构图，无论公司需要加建实验楼、铁匠铺、停车楼还是药店？说到那些猥琐的细节，难道不是既昂贵又无理，刻意把原本简单朴实的化学实验楼变得复杂？一句话——你还有其他方案吗？

我在下笔的同时，清醒地意识到或许我词不达意，或许我的名字将被你唾弃或视为妖魔，然而我还是要签下自己的名字。

你最真诚的杰克·拉姆塞"

对于拉姆塞猜测他早在1936年就构想整个园区的面貌，赖特坦然承认：

"亲爱的杰克：

我的回答既是肯定也是否定。杰出的建筑只能产生于从普遍化为具体的过程。毫无疑问，十几年前我的头脑里已经形成了整个园区的规划，但是我并不知道后续建筑的具体形式。我只知道它未来的形式将和内部空间的需求一致，而不会迎合包围它的街道。你现在看到的方案正是遵循这种原则……

如果有人指控我犯下了坚持这种原则的罪行，我应当微笑地认罪……我认为，由一根又高又直的主干支撑的一长串空间，是实验室建筑的理想形式。当赫伯特对我说：'为什么不向高处去呢？'，我眼前立刻出现了这种理想的建筑形式。新建筑的内部空间应当具有活力，并且不能偏离整个园区的规划，以及办公楼成功塑造的精神——那么，以比例完美的新建筑围合已有建筑，就是必然的选择。"

赖特接着谈到将和实验楼同时施工的新建办公空间："现在，增加办公空间的同时保持园区的建筑整体性——这样的操作是如此微妙。如果要确保病人不会致残或者死掉，需要的不仅是拯救病人生命的手术技巧，还要对病人怀有深切的理解与同情。"

1936年，赫伯特初识赖特时，业主告诉建筑师他希望未来的办公空间能激发员工的活力和灵感。激发人们的活力和灵感，往往和宗教建筑的功能联系在一起。赖特对整个约翰逊公司园区的构想，很可能受到古代日本和埃及的宗教建筑的启发。实验楼的剖面令人联想到古代日本的木塔。

建筑师乔纳森·李普曼曾深入地研究约翰逊制蜡公司办公楼并主持了它的修缮。在他的著作《赖特和约翰逊制蜡公司建筑》中写道："截止到1943年年末，实验楼是赖特设计过的最单纯、最具对称性的建筑。值得注意的是，这种具有强烈纪念性的形态恰恰被用作最具实用性的建筑类型。用业主赫伯特的话讲，'类似普通厂房'。很显然，赖特想设计一座标志性的建筑，表达新产品的研究开发对于一家企业意味着什么。"

■ 装修的细节

在设计过程中，约翰逊制蜡公司的化学家们和赖特有大约10次面对面的讨论。在停车场上搭建了一对主楼层和夹层的足尺模型，以便确定工作台和家具的摆放细节。化学家威特博士回忆道："我们发现有很多圆弧形状的空间角落，我们说服某些同事在角落里布置工作台。"

实验楼最突出的特征之一，是所有的外立面玻璃都采用水平放置的耐热玻璃管。经过玻璃管的"过滤"，自然光在室内产生均匀柔和的效果。主要的缺陷是必然会有过多的缝隙，雨天容易漏水。某些化学家们建议赖特用半透明的塑料板代替玻璃管："无论什么材料，填在玻璃管缝隙里都会老化和硬化，从缝隙里漏水。"赖特固执己见，实验楼1950年落成时采用的氯丁橡胶密封条，果然如化学家们预言的那样老化（1958年才发明耐候性能更佳的硅密封条）。

"我们还试图说服他，在角部使用透明玻璃，这样就能看到外面。他的回答是'别指望了'。结果我们只能透过玻璃管正中的一细条看出去，猜测外面的天气变化。"

1944年12月，施工的分项承包商开始致函约翰逊制蜡公司，希望获得工程的子项。威斯康星州的汉密尔顿公司获得实验家具的合同。钢质工作台的抽屉和柜门都漆成深红色（切诺基红），顶面采用一种坚硬且耐酸的复合材料。

亨利·鲁斯博尔特当时是汉密尔顿公司的质检员。"我的主要责任是检查颜色。另一个质检员的辨色能力不够，我一眼就能看出桌子和抽屉的颜色是否合格。颜

图 1-13 威特博士和同事们说服了赖特在转角空间放置实验台，却没有说服他在转角改用透明玻璃。工作台上方的灯具用来夜间照明，灯光经过夹层的底板和墙面反射，照亮整个空间。在塔楼空置期间，用登山绳拉结玻璃幕墙和楼板以增强稳定性

图 1-14 尽管实验楼从 1981 年起就停止使用，但是绝大多数家具仍保持原状。最初的家具和地板都是切诺基红色，图中的某些家具在使用过程中重新涂刷了其他颜色的油漆

图 1-15　落成时的实验楼采用双侧玻璃幕墙，内侧是 6 毫米厚的透明玻璃板，75 毫米宽的空腔外侧是耐热玻璃管幕墙。楼上使用之后，内侧的透明玻璃板被拆除，以减少砂岩窗台承受的荷载。

色的样品是比手掌略大的长方形钢板。"

工作台必须依照建筑的平面形状定制，汉密尔顿公司的员工需要来到拉辛的现场施工。"约翰逊公司的员工们有时会嘲笑这座建筑的怪样子，嘲笑它漏雨。如果他们不喜欢工作台的样子，就会对安装的人提出来。在安装家具的时候，他们对于效果非常挑剔，但是使用起来他们自己却并不爱惜，搞得一团糟。"

■ 与州政府的较量

十几年前，赖特设计约翰逊制蜡公司办公楼的时候，威斯康星州的工业委员会对他奇特结构的方案提出质疑。混凝土柱身上粗下细，圆盘形柱帽直径约5.5米，落地处的柱脚直径仅有约23厘米。这样的柱子能稳固地支撑屋顶吗？为此特意制作了一根足尺的混凝土柱样本，在业主、建筑师和工业委员会的共同见证下，向柱子的顶部堆砌沙袋和铁块。柱子断裂前承受了达6吨的荷载，5倍于威斯康星州的结构规范标准。赖特奇特的设计终于获得批准。

曾参与施工的埃尔默·尼尔森回忆起，实验楼的结构方案受到类似的质疑：

"通常建筑的基础，平面投影都会大于上部的建筑，而这种基础恰恰相反。实验楼的基础深约18米，但是越向下，基础的截面越小。地下室以下的基础都是实心的现浇混凝土。

考虑到上部十几层的荷载，工业委员会非常担心。针对基础的稳固，你不可能做足尺的试验……幸而用地位置的土壤承载力非常好，委员会测算出达到某种强度的混凝土基础，足以承载整座建筑，所以批准了结构方案。"

然而，工业委员会并未批准整体的建筑方案。赖特最初的方案包括两部螺旋楼梯和两部小电梯。应斯坦勒博士的要求，改为一部较大的电梯，足以运送货物和设备。确定的建筑方案，包括一部直径约1.8米的圆形电梯、一部宽度小于本州

图 1-16 某些实验家具仍保持着最初的切诺基红色漆面

规范标准的楼梯。

约翰逊制蜡公司向工业委员会申请两项违反规范的特批。第一项是疏散楼梯的宽度。本州规范的楼梯宽度下限是 110 厘米，实验楼设计的楼梯宽度仅有 75 厘米。公司作为建筑的业主，强调实验楼的使用人数较少，获得了特殊条件下的豁免。作为对这一项特批的交换，约翰逊制蜡公司放弃了第二项特批的申请，也就是严格遵守规范，楼梯间所有的门都采用防火门。

密尔沃基市的建筑师约翰·布鲁斯特和其他某些威斯康星州的建筑师都注意到了这座高层建筑的规范"特批"。布鲁斯特致函工业委员会："我想要澄清的是，如果弗兰克·劳埃德·赖特在拉辛能这么做，本州的其他建筑师能否获得同样的特批？"

1969 年，约翰逊制蜡公司某位员工的投诉，引起了州政府对实验楼消防疏散

图 1-17 唯一的疏散楼梯,宽度仅有 75 厘米,比本州的规范窄 30 厘米左右,导致日后整栋塔楼停止使用

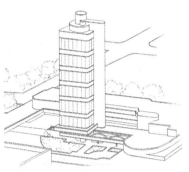

图 1-18 1974 年,韦斯利·彼得斯设计的改造方案,在塔楼南立面的外侧加建楼梯间的方案,以满足防火规范

问题的重视。工业委员会在给公司的公函里提出了尖锐的意见:

> "很显然,如果底部的楼层发生火灾,几乎所有在楼内的人员都会被困,因为这部很窄的楼梯是唯一的疏散通道。此外,前来救援的现代消防设备很难接近失火位置,因为塔楼被附属建筑包围,例如它北侧的停车棚。
>
> 我们提请贵公司严肃地考虑,为塔楼提供第二条消防疏散通道,同时确保火灾发生时消防设备的救援通道。"

据说赖特基于审美的原因,不喜欢安装喷淋。他坚持认为,混凝土和砖构成的建筑本身是防火的。后来安装了喷淋设备,但是效果并不理想。喷淋的烟感器安装离排气罩太近。偶尔有高温的废气触发烟感报警,喷淋启动之后就会让楼梯间满是积水。最终不得不把报警的触发温度明显地调高,避免误报火警。

1974 年,赖特去世后仍在运作的塔里埃森建筑事务所提供了一份改造方案:在塔楼南立面外侧加建了红砖饰面的楼梯间,以此呼应 1969 年工业委员会提出的要求。该方案并未实施,30 年后山姆·约翰逊(赫伯特的儿子)认为:"我觉得,没有那样改造是明智的,尤其是当你发现只有很少员工想留在那里。"

■ 主入口

1950 年 4 月——距离落成仅有七个月，赖特提出一项重大修改。他把原本设在塔楼首层的主入口和接待区移到了南侧约 40 米以外的新建办公空间。他给斯坦勒博士的信中写道："我迫切希望尽量压缩首层，以显露核心筒，让我们的建筑获得最大的魅力。"

施工承包商在给赖特的信中毫不掩饰他的慌乱情绪："昨天我和约翰逊先生与公司高层的几位成员开会，专门商谈你近日提出的关于首层的修改……约翰逊先

图 1-19 就在距离竣工仅有七个月的时候，赖特重新设计了首层，删除了原有的玻璃幕墙，充分显露支撑整个建筑的核心筒

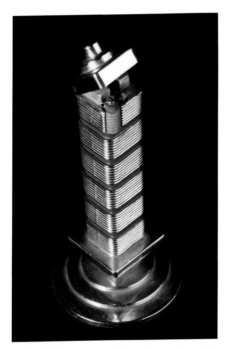

图 1-20 史蒂文斯设计的桌面打火机，仿照实验楼的造型，作为公司的赠礼。"楼顶"翻起，即露出打火机的棉芯

生和我们所有人都希望，你立刻提供进一步的细致研究，并尽快回复。你的这一修改造成目前的施工基本停滞。如果拖延多日，必将造成经济损失。"

赖特以电报的形式回复："很抱歉我坚持对于首层的改动。然而，任何错误都值得更正，即便已经将要完成并且被专家们认可。我希望楼梯和电梯的出入口直接开向室外，塔楼的首层尽量简洁，摆脱某些专家要求的功能负担。我相信，那些无聊的负担并非上帝的安排，可以由魔鬼加以修改。原本要在首层门厅使用的旋转门可以用在别处，或者干脆卖掉。目前我们的努力，正是为了这家企业的精神。"

随着方案的深化，或许业主赫伯特不得不反省，再次聘请赖特是否明智。设计的内容从一栋单纯的化学实验楼逐步扩展，涵盖了和实验楼同时施工的新建办公空间（位于实验楼和已有办公楼之间）。在新建的广告部办公室，赖特奉献了另一道建筑奇观：直径约 7.5 米的穹顶形天窗。它的图案源自 1943 年为纽约古根海姆博物馆设计的天窗。古根海姆博物馆最终实施的穹顶天窗反而是简单的辐射状分格图案。此外还有一间新的摄影室、一间样板公寓（用以测试本公司和竞争对手的产品）。

1944 年，实验楼最初的造价估算是 75 万美元。1946 年方案深化之后就跃升到 120 万美元。而竣工后的最终造价是 350 万美元！一方面，赖特提出的造价估算总是出奇的低；另一方面，战争刚结束时的通货膨胀也是重要因素。美国民众对于汽车的狂热，再次拯救了赖特。约翰逊制蜡公司生产的汽车用蜡资助了实验楼

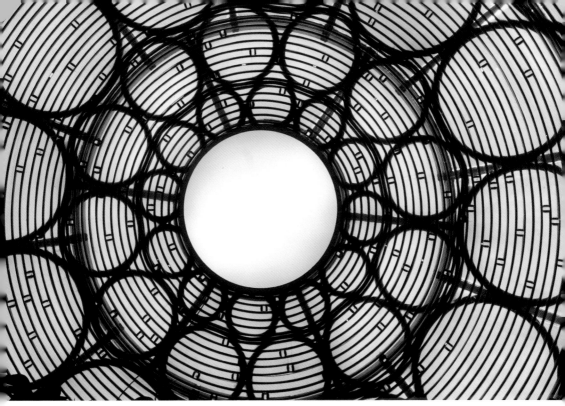

图 1-21　公司广告部的圆形天窗，以弧形玻璃管拼合而成，极具装饰效果。它的分格图案源自 1943 年为纽约古根海姆博物馆设计的天窗

的诞生，正如它在 20 世纪 30 年代资助公司的办公楼那样。

公司委托著名工业设计师布鲁克斯·史蒂文斯（Brooks Stevens），以塔楼建筑为原型设计桌面打火机，用作公司的赠礼。据说史蒂文斯对赖特并无好感，因此他很乐意把赖特的建筑设计成高度约 15 厘米的"侏儒"。

约翰逊公司的实验楼是赖特唯一实施的"主根"式高层建筑，但是 1956 年建成的"普莱斯大厦"（Price Tower），使他完全实现了"圣马可公寓"的方案。位于俄克拉何马州巴特尔斯维尔市的输油管道企业普莱斯，请赖特设计一栋功能复合的办公楼，建成后的内容包括两层复式的办公单元和公寓单元，以及比邻一翼里的商店。建筑外饰面采用圣马可公寓方案中的铜板。

赖特基金会的学者普法伊弗认为，笼统地把赖特设计的几座高层建筑称作"主根"（Tap-root）形式，并不准确而是误导。除了约翰逊公司的实验楼，它们并不完全符合这一结构特征。它们只是具有"树干"核心筒和悬挑楼板，而"主根"所强调的是深入地下的柱状结构基础。普莱斯大厦的基础并非如此，而是和相邻建筑的基础连片以保持稳定。

赖特在普莱斯大厦设计了 2 层通高的门厅，因为他也意识到实验楼的首层过于低矮。在多年的使用过程中，普莱斯大厦暴露出很多功能方面的缺陷。如今，

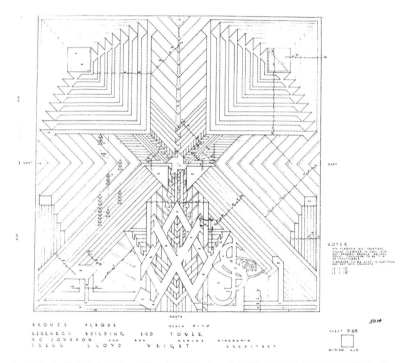

图 1-22　赖特设计的边长 2.4 米的方形黄铜和铸铁铭牌，环绕着实验楼重复放置 6 块铭牌。铭牌正中央的小风车图案很像是圣马可公寓的建筑平面。1938 年，赖特曾为约翰逊制蜡公司办公楼设计过图案很接近的铭牌，但是没有实施

它已经改造为旅馆和艺术中心。

■ 装饰铭牌

1950 年 3 月，赖特设计了边长 2.4 米的方形黄铜和铸铁铭牌，作为装饰元素，环绕着实验楼重复放置 6 块铭牌。1938 年，赖特曾为约翰逊制蜡公司办公楼设计过图案很接近的混凝土铭牌，但是没有实施。拉辛当地的设计师罗伯特·哈特曼认为："仔细端详，你会发现铭牌正中央的小风车图案，很像是圣马可公寓的建筑平面。赖特显然借此纪念他早年的高层建筑构想终于实现。"

装饰铭牌的设计主要采用疏密对比鲜明的线条图案，下方有重叠的四个字母"J、W、A、X"。其右侧还有重叠的字母"SCJ Son"。在沙利文的代表作之一，位于芝加哥的"施莱辛格与梅耶商店"（Schlesinger & Mayer Store，1904 建成），入口上方的铸铁装饰铭牌也有类似的字母重叠图案。

哈特曼认为，赖特于 1950 年设计的这一铭牌图案，很可能是含蓄地向他"亲爱的大师"沙利文致敬。赖特在他的《一部自传》里回忆道，当他把"芝加哥国民保险大厦"的方案图纸呈现给垂暮之年的沙利文，他昔日的导师无比激动。"我知道，如果没有他和他所做的一切，我绝不可能设计出这件作品。它是敬献给沙利文的。"

第3章　建造塔楼

　　塔楼在 1947 年 11 月 6 日破土动工之时，赖特宣称它将成为"让美国家庭主妇们生活更幸福的实验台"（公司主要生产家庭清扫用的化工产品）。

　　当时 23 岁、新婚不久的埃尔默·尼尔森曾参与实验楼的施工。据他回忆，赖特先去找拉辛当地的施工承包商威茨查克。约翰逊制蜡公司的办公楼和赫伯特的私宅"展翅"都是由他建造。但是他告诉赖特："我已经退休了，没有人手和设备。你去找老尼尔森（我父亲），试试和他谈。"

　　结果是威茨查克和老尼尔森合伙组建了一家公司，承建实验楼。"我们（尼尔森）提供人手和设备，威茨查克提供的是更重要的东西：承包商和赖特之间的融洽和信任。正是这种融洽和信任，消除了很多障碍，否则就无法完成如此艰难的项目。"

　　威茨查克在给业主赫伯特的一份备忘录（1944 年 6 月 20 日）里写道："和赖特先生讨论，需要设计方案消除玻璃窗漏水的隐患，以免重复办公楼的问题"。他指的是办公楼漏水的半透明屋顶。

　　虽然小尼尔森有工程专业的学位，但当时他刚从大学毕业，毫无经验，因此没有承担任何责任，只是作为工人参与施工。"我的工作通常是运送和搅拌混凝土、搭脚手架。天哪，能够参加它的建造，我实在是太幸运了！这座建筑太特殊了，当时我们就知道它一定会和旁边的办公楼那样，成为世界知名的经典。"

　　多年之后，小尼尔森看着他保存的蓝图，向我解释核心筒分为四个部分：电梯筒、通风井道、楼梯间和卫生间。"浇筑核心筒的模板，需要在多个楼层重复使用，因此拆模之后它们保持着整体的弧形。

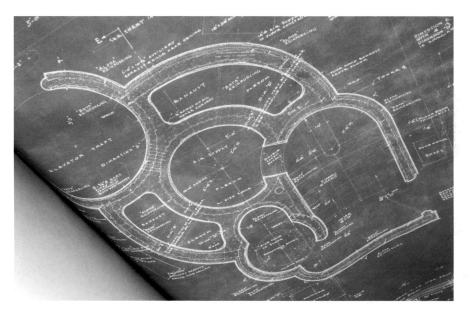

图1-23 小尼尔森保存的施工蓝图，自左至右分别是电梯筒、通风井道（中间是圆形是进风，上下两侧的扇形是排风）、楼梯间。右下方的葫芦形是卫生间

我们面对的是举世闻名的建筑师赖特，难免缺乏自信。所幸我们有威茨查克和他坦率的沟通。此外很重要的一点，约翰逊制蜡公司聘请了富有经验的建筑师哈拉玛，他也是工程的行家。在业主支付了赖特的设计费之后，他负责把赖特的设计（某些只能算是草图）细化成施工图。"

威茨查克在给赖特的一封信中（1945年12月），抱怨赖特交付的结构图纸"远远没有达到完善的程度"，结构施工因此而停滞。"工程是否能顺利推进，全都依赖建筑和结构图纸的完成，请你帮助我们克服这道难题。"

卡佩尔作为初级木匠参与了实验楼的施工。当时他仍是威斯康星大学结构工程系的学生，却幸运地走进了这座"金矿"。他不仅在施工中获得了宝贵的经验，赖特的助手、结构工程出身的彼得斯还经常关照他的课程。值得一提的是，卡佩尔的父亲也在实验楼的工地上，负责建造楼层的足尺模型，供化学家们确定设备

图 1-24 核心筒里狭小的卫生间，显然不适合有"幽闭恐惧症"的人。弧形的金属推拉门是赖特钟爱的切诺基红色

的尺寸和位置。而他的祖父就和赖特有缘，是附近的赖特早年作品哈代住宅（Hardy House，1905 年）的承包商。

"我们有两套木模板，分别用来浇筑主楼层和夹层的核心筒。某一层的核心筒拆模之后，模板就向上吊运两层，重复利用。只是浇筑每一层时的天气都不一样，这是施工总要面对的。

某一天，西北方向来了一股龙卷风，施工用的临时电梯撤到地面去了。我和一个同伴被困在 30 多米的高空，只能顺着脚手架慢慢爬下去。我看到刚支护好的一张 1.2 米宽、2.4 米长的木模板被狂风卷走了。"

■ 施工中的挑战

对于威茨查克和老尼尔森而言，浇筑实验楼的混凝土楼板是前所未有的挑战。从支模到浇筑完成，第一层悬挑的楼板用了七个星期。积累经验之后，后续的楼层耗时减少到三个星期。首先浇筑楼板的底部，然后铺设各类管道，上面覆盖一层钢板，接下来浇筑楼板的顶面。彼得斯和哈拉玛合作设计了楼板的结构细节。尤其彼得斯，在施工中承担了至关重要的角色。没有他扎实的结构知识和大胆的创新，这座塔楼绝不可能建成。

小尼尔森对于当时混凝土结构如何设计、如何施工记忆犹新："那些新颖的想法和做法让我们叹服不已。弧形的墙、精密的模板支护，这些都是我们从未接触过的。

我们把搅拌好的混凝土用泵提升到要施工的楼层，而不用小推车和施工电梯，这在当时还非常稀罕。某一次浇筑过程中，泵出了故障，才不得不改用推车和电梯。如今这些已经丝毫不成问题。"

众所周知，赖特设计的建筑常有雨天漏水的问题。实验楼也不例外。在建筑落成的两个月之前（1950年 9 月 20 日），赖特在给赫伯特的信中写道："我们会解决这个问题，只要你不再派更多专家来骚扰我。"

解决的方案是玻璃管之间的缝隙，填充氯丁橡胶材质的密封胶条，以防止漏水。但是据小尼尔森介绍，氯丁橡胶几年之后就会老化而出现裂缝。

玻璃管幕墙的施工权居然引发了争议。玻璃工认为理所当然由他们来安装，但是砌筑工人提出，他们在十几年前办公楼的施工中安装

图 1-25　外墙上的玻璃管都是逐根地手工安装

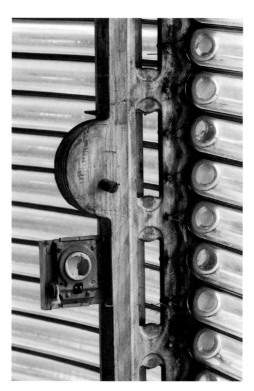

图 1-26　遗留的金属构件，使玻璃板（已经拆除）能够旋转，以便清洗

图 1-27 1998 年，工人正在替换破损的玻璃管。一场风暴造成 66 根玻璃管需要更换，每一根重量约 4500 克。约翰逊制蜡公司保留着供替换的玻璃管存货

过类似的玻璃管。最终妥协的办法是，这两组工人分别安装主楼层、夹层位置外立面的玻璃管。两组工人像竞赛一样全力投入，希望获得比对方更高的评价。这自然是业主乐意看到的结果。

　　约 6 毫米厚的透明玻璃板安装在距玻璃管幕墙约 75 毫米的内侧，以提高外墙的热阻，帮助维持室温的稳定。在平面的圆角位置，玻璃板在安装中容易破裂。但是赫伯特坚持圆角位置都安装玻璃板。

　　落成之后实验楼为老尼尔森的建筑公司带来了持久的声誉："这座建筑实在是太独特了，拉辛全城的人都在议论它。从那以后，它就是我们的建筑公司能力的最佳样本。"

■ 塔楼的诞生

施工现场的图片集锦

图 1-28　1947 年 11 月 6 日，经过四年的方案修改，正式破土动工。塔楼将在三年后落成

图 1-29　1948 年 1 月 8 日，挖掘机正在开挖核心筒的基坑。左侧架起的镜子，用于观察深井内的状况

图 1-30 1948年1月3日，动工两个月后，一名工人查看正在开挖的核心筒基坑

图 1-31 1948 年 3 月 11 日，核心筒从密如蜘蛛网的钢筋网中冒出

图 1-32　1948 年 8 月 7 日，浇筑混凝土楼板之前的钢筋网，斯坦勒博士（系领带者）正在视察现场

图 1-33　1948 年 8 月 23 日，施工现场俯视

图 1-34　第三主楼层已经完工，正在
支护第三夹层的混凝土模板

图 1-35 1948 年 9 月 2 日，正在支护模板的核心筒酷似三个圆柱形的工业筒仓。从左至右，分别是电梯筒、通风井道、楼梯间

图 1-36 1948 年 9 月 16 日，核
心筒内的螺旋楼梯，
一位工人在用水平仪
辅助砌砖

图 1-37 1949 年 2 月 25 日，中
空楼板的顶板和底板
之间的空间，用以铺
设管道。外侧的帆布
临时围挡，为冬季施
工的工人们挡风御寒

图 1-38 1949 年 10 月 15 日，结构封顶仪式。右侧是施工监理杰克·斯托克（Jake Stocker）

图 1-39　1950 年 4 月 13 日，正在安装玻璃管幕墙。玻璃工人和砌筑工人分别在主楼层和夹层位
　　　　　置的外立面，像竞赛一样施工。玻璃管之间的缝隙填充氯丁橡胶材质的密封胶条

图 1-40　1950 年 10 月 7 日，正在铺地砖，
　　　　　距离落成典礼还有五个星期

图 1-41　为冬季施工而临时搭建的围护墙

第4章 塔楼的布局

实验楼在某些时候被误认为共有 14 层，事实上它共有 15 层。首层和二层以上是六对主楼层和相应的夹层，主楼层的平面为正方形，对应的夹层平面为圆形。从第三主楼层 / 夹层到第八主楼层 / 夹层都是实验室。第十五层是设备与通信的机房。楼梯直通屋顶平台，发生火灾时，员工可以在屋顶暂时避难，再由直升机解救。

和赖特的绝大多数作品一样，塔楼没有醒目的主入口。赖特最初的方案中，首层有玻璃盒子一样的接待区，但是在修改过程中删除了，目的是显露核心筒，夸张地展示整座塔楼端坐在纤巧的支座上。塔楼的新入口位于南侧约 40 米以外，另一座建筑内赫伯特的办公室下方。

图 1-42 塔楼的首层立面上只有楼梯间的一扇门。楼梯间的门上面"W"形的窗棂，象征公司早期最重要的产品"蜡"(Wax)

图 1-43　二层是目前唯一仍在使用的楼层。从图中右侧的核心筒向南延伸，经过左侧的走廊，通向临近的办公楼里赫伯特曾用过的办公室

　　塔楼首层的北立面有一扇楼梯间的疏散门。电梯从地下室直达二层，穿过首层而不停。一条细长的走廊从位于二层的赫伯特的办公室旁穿过，串起斯坦勒的办公室、另一间办公室和一间会议室通向实验楼。走廊的终点是实验楼二层，分列于核心筒两侧的接待区和图书区。斯坦勒的办公室外面展示着一些玻璃筒，装有不同的样品蜡。

　　天桥有两根蘑菇形柱（类似办公楼停车场里的蘑菇柱），同时呼应办公大厅里著名的蘑菇柱阵列，强调实验楼是制蜡公司园区整体的一部分。

　　每一对主楼层和紧邻的夹层以同一个数字编号。例如：第三主楼层是通常所说的第三层，而第三夹层是通常所说的第四层，第四主楼层则是通常所说的第五层，以此类推。实验室占据从第三主楼层及夹层直到第八主楼层及夹层。

图 1-44 夕阳下逆光的剪影，清晰地显示赖特设计的"主根"结构

第5章　审美的胜利还是实用的成功？

　　一座被称为经典的建筑，有时太冷、有时又太热，不但在狂风中摇摆，还有安全隐患。在这里工作会有效率吗？果真能享受到乐趣？果真能刺激创造的灵感？

　　企业的继承人赫伯特的儿子山姆·约翰逊非常肯定地回答：是的。他心目中最好的证明，是几种重要的新产品都是在塔楼里研制成功的。化学家威特认为："或许因为这里的工作环境独一无二，每个人都习惯超越常规的思考。"

　　化学家罗伯特·奥利维罗多年以后仍清晰地记得他来公司应聘，第一次参观实验楼时的感受："我当时非常惊奇，上面的夹层就悬在下面一层实验室的顶上，由地板上一个很小的圆筒支撑着。我不是拉辛本地人。我的感受和绝大多数外来的参观者一样：哇！在这里工作，真是太美妙了。"

　　另一位化学家弗雷德·比尔曼博士在塔楼里工作了五年。他认为，和外界相对隔绝的氛围有利于高效率的工作。当然，也不乏轻松愉快的时刻，比如从主楼层放飞的气球慢悠悠地升到上面圆形的夹层。2009年，他特意召集曾在里面工作的化学家们谈一谈塔楼的优点和缺陷。很多同事都怀念那个独特而富有乐趣的工作场所，尽管确有一些实用功能的缺陷。

　　至于安全问题，比尔曼强调，"那里露出的建筑材料主要是面砖、石材和玻璃，可燃物非常少。在第三主楼层和夹层，实验过程中发生过轻微的爆炸，但并没有对建筑造成损失。总体而言，是很安全的工作场所。"

　　迪克·西蒙是"分析化学"部门的高级研究员，他记得："当实验部门搬出之后，曾有计划让办公人员搬进来。有人提出反对意见，因为办公需要的纸张太多，显然是火灾隐患"。西蒙不无幽默地回忆起，在第三夹层工作的乔·史密斯备有一

图 1-45　塔楼里有几乎没有私密的办公空间，原材料与质量控制的主管乔·史密斯（左）和化学家们一起在第三层的夹层里办公

把折叠梯，他打算一旦发生火灾就敲破玻璃管外墙，顺着梯子爬到二层的屋顶平台。

　　让我们听一听化学家们多年后的回忆（作者于 2009 年 11 月的采访）。

　　建筑里的火灾报警器非常灵敏，公司的前任设备主管回忆道："某人在第八夹层里刚点燃一支雪茄，头顶上方的烟感报警器就响了。消防员们不得不带着氧气瓶和所有工具跑上来救援"。20 世纪 70 年代，加建了防火墙和防火门围成的防火前室，但是防火墙也阻断了赖特设计的开敞空间。"火灾发生时，我们可以在防火前室里躲避两小时，等候消防员们顺着狭窄的楼梯上来救援。"

　　"每个楼层分成两个工作区，各自只有一根排气井道。各种实验产生的废气不

图 1-46 研究员迪克·西蒙（左一）在第四主楼层工作

加区别地排入同一井道。当时允许这样做，现在显然不符合规范。三层排出的废气和六层排出的另一种成分的废气混合后，很可能发生危险的化学反应。"

瑞奇利认为，建筑师应当考虑到节能的问题。"整个建筑全都暴露在室外环境中，冬天的供暖和夏天制冷的账单都很可怕"。负责安装空调系统的公司特意为这个项目撰写了六页的备忘录，分析设计的过程，"因为墙体和玻璃的施工工艺都是新的，没有可供引用的隔热系数"。

曾在第三主楼层角部工作的一位化学家回忆道："冬天我冷得难以忍受，后来在玻璃管下面装了电热丝。夏天的热气会从主楼层升上去，让夹层里酷热难耐"。

图 1-47 20 世纪 70 年代加建了火灾发生时供楼内人员避难的防火前室。两扇防火门和防火墙围合成的前室能够阻隔火焰和烟气，但是防火墙阻断了赖特设计的开敞空间

赖特自豪地把这件杰作称作"阳光实验楼"，因为建筑在三个方向都充分暴露在阳光下。但是阳光产生的炫光和热气引发了某些抱怨。在局部的玻璃内侧安装窗帘之前，化学家们配发了墨镜。"第一次走进这里的参观者会对眼前的景象感到疑惑，很多人满头大汗地走来走去，就像在七月的海滩上。"

赖特的设计中预料到塔楼在强风中轻微地摇摆。"所在的楼层越高，摇摆越明显。强风的时候，在第八层的夹层里水会从容器里洒出来。当你称量微小质量的样品时，甚至会影响你读天平的读数。"

整个塔楼通风系统唯一巨大的进风口也产生了一些副作用。"在听到螺旋桨的声音之前，你就能闻到公司的直升机快要飞到了。有趣的是，在玻璃管的外墙上你能看到直升机的 10 道重影"。

圆形的电梯轿厢行驶很缓慢。"我至今想起那部电梯仍然觉得紧张。有时候，电梯门打开之后，轿厢没有贴上楼层的地面。我必须做出决定，要不要跳过去"。奥的斯电梯的一位员工依照合同每星期都来检查。最终成功地安装了一种特制的零件，确保圆弧形的电梯门正常开闭。

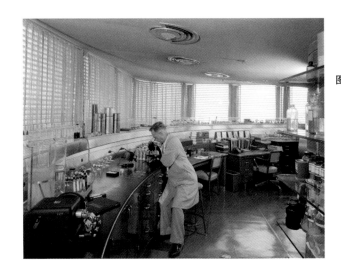

图 1-48　赖特对于这座自然光充足的"阳光实验室"颇为得意，但是阳光产生的炫光和热气（玻璃管幕墙使其更强化）引发了某些化学家的抱怨。在局部的玻璃内侧安装窗帘之前向化学家们配发了墨镜

　　这座建筑签名式的玻璃管幕墙也惹出不少麻烦。"如果周末下雨的话，接下来的周一早晨，我就会看到有些桌子上满是水渍。"

　　实验人员缺乏就近的储藏空间，是另一个问题。

　　"储存材料和器具的地方离你很远。"

　　"当你做出某种成果，需要妥善储存它。这时候就会意识到，楼里的实用面积太小了。"

　　"很理想的工作环境，一切都很方便。但是缺少储藏室，你必须到地下室去取东西。"

　　"它是一种创造力的象征。每当你指出一个缺陷，总能再举出一种优点。"

　　"实验空间非常棒！"

　　"同事之间的交流很方便。"

　　"你能听到楼上楼下很多有趣的故事。"（主楼层和夹层之间的隔声效果不佳）

　　"归根结底，在那里工作很有乐趣。"

　　"当我在那里工作的时候，我才意识到赖特究竟为这家企业做了什么：他让这

图 1-49　实验楼已经关闭了 30 多年，化学家们仍津津乐道，在这座独特的建筑里他们享受着活跃融洽的工作氛围。工作台是为贴合建筑的平面形状而定制的。1951 年拍摄

个名字传遍世界。"

"空间显得很开敞，一点儿也不拥挤。我工作的楼层有六个人，但是每个人都有自己的私密空间。"

"和普通的实验楼不同，在这里没有无关的人穿过你的工作区。只有和工作相关的人才会出现在你的楼层。研究和实验需要安静和封闭，在这方面它很成功。有时候你工作得过于专注，甚至忘记了时间。"

"是个有趣的工作环境，虽然看不到外面（玻璃管组成的幕墙透光而不透明）。"

在塔楼停止使用之后的几年里，瑞奇利有时还会带亲友们进来参观。他深情地总结道："在那座塔楼里工作，我们发自内心地感到自豪。我们都知道它是全世界独一无二的实验楼。我们经常听见楼下来自各地的建筑系学生想尽办法要进来参观。在这家伟大的企业最辉煌的时期，我们是它的一员。"

第6章 塔楼的后续扩建

　　落成仅仅几年之后，塔楼就难以容纳迅速扩充的实验人员和设施。公司新增的杀虫剂和其他家用化工产品的研制开发需要扩建实验空间。1957 年，东西两侧原先通透的柱廊庭院被封闭起来，改造为面积约 800 平方米的实验室。1961 年，在东侧又加建了二层空间，增加了 40 间办公室和一间会议室。方案由建筑师哈拉玛和彼得斯根据 1947 年赖特的草图完善。当时，赖特应业主赫伯特的要求，提出了未来扩建的可能性。实施过程中，放弃了赖特设计的两层通高的采光中庭，以尽量增加办公面积。

　　约翰逊制蜡公司曾考虑过在塔楼以北再加建研究用的建筑空间，并且与赖特去世后仍在运作的塔里埃森建筑事务所讨论过，然而并未落实。

　　进入 20 世纪 70 年代，为了庆祝即将到来的美国建国 200 周年（1976 年），赫伯特·约翰逊委托艺术家，依照赖特 1924 年留下的设计图制作了两座大型的花岗石雕像。1979 年，它们被安放在塔楼的北边、东西两侧对称的位置。一座雕像是以直线棱角为造型母题，是一位男性酋长身前站着一个孩子；另一座雕像以圆球为造型母题，是一位印第安妇女带着两个孩子。

　　1924 年，赖特设计了"纳柯玛乡村俱乐部"（Nakoma Country Club），建筑高耸的攒尖坡屋顶模仿印第安人传统的帐篷。这两座雕像原本计划摆放在与俱乐部匹配的"纳柯玛纪念门"。乡村俱乐部和纪念门最终都没有实现。纳柯玛是威斯康星州麦迪逊市郊的一处地名，在白人席卷北美大陆之前的时代，这里曾是温尼贝戈❶部落的夏季营地。

---

❶　温尼贝戈（Winnebago），是生活在威斯康星、明尼苏达等中西部各州的印第安部落。

图 1-50　1957 年，东西两侧原先通透的柱廊庭院被封闭起来，以增加实验室空间

图 1-51 赖特设计的两座雕像，左图为印第安部落的酋长
纳柯米斯，右图为印第安妇女纳柯玛

图 1-52　放置在塔楼北侧的两座雕像。从灯光明亮的二层向南延伸的连廊连接总裁赫伯特·约翰
　　　　逊的办公室

第7章　塔楼关闭

　　当位于街对面的圣玛丽医院搬出面积将近30000平方米的大楼，约翰逊制蜡公司买下了这座建筑，并于1977年宣布将这座原是医院的7层建筑，改造为新的实验楼。宣布这项决定的三个月后，正是赖特的塔楼破土动工的30周年纪念日。

　　当赖特设计的实验楼关闭的时候，吉姆·梅是公司的公共关系总监。他回忆道："我爱这座塔楼。当我们听说它必须关闭，除非进行结构性的改造以满足规范才能重新启用，有人说赖特先生会气得从坟墓里坐起来，我们不能这样做！"然而，公司的研究部门迁入新的建筑并不令他感到意外。"我们都知道公司买下了那座医院的大楼，计划把塔楼里的一切内容逐渐搬迁进去。"

　　"涉及公司的公众形象，当时我们有很多顾虑，'应当非常低调地迁出，尽量不引起公众的注意'。关闭塔楼的过程悄无声息。我认为这是一座成功的建筑，关闭它是公司的决策，而我不确定这个决定是否明智。"

　　吉姆·梅理解这座塔楼对于公司和周边的市民们意味着什么。"对我个人而言，那是很伤感的一天。它是很有魅力的地方，令人精神振奋。我们曾在那里开发出很多重要的新产品。赖特设计的塔楼和先于它建成的办公楼，为拉辛增添了一道风景，吸引许多人专程来参观。"

　　尽管化学家们留恋塔楼里的工作氛围，但是医院改造而成的"路易斯实验楼"的确更加宽敞实用，适应灵活多样的功能需求。它设有实验室和会议室，足以容纳四百名员工在此工作，而塔楼毕竟只是为50人而设计的。

　　弗雷德·毕尔曼发现，医院改造而成的实验楼还有另一项有趣的亮点："我的孩子们都出生在我现在工作的实验楼里。"

图 1-53 赖特的塔楼，始终是拉辛城市天际线的焦点

对于塔楼被迫关闭，公司的化学家奥利维罗并不感到惊奇："我只是觉得奇怪，居然没有在很多年前就关闭。它的确不够安全，但是在里面工作的人们谁也没有抱怨过。我们都是化学家，危险的实验本来就是家常便饭。"

人们普遍认为，作为 15 层的建筑仅有一部楼梯，是塔楼被迫关闭的主要原因。只有经过改造以满足目前的建筑规范，它才能重新启用。在购买圣玛丽医院大楼三年之前，曾经有人提议在塔楼的外部加建一部楼梯。

乔纳森·李普曼认为，如果能够让塔楼长久使用，保持活力，那么这就值得尝试。独立于塔楼以外的楼梯间会是一个优雅得体的改造方式，也可以满足美国内政部对历史保留建筑的要求。赖特设计塔楼时最得力的助手之一韦斯利·彼得斯已经设计出了外部楼梯间的方案。

"然而，我认为还有一个更好的解决方案。我向山姆（赫伯特的儿子）建议，就是在塔楼的核心筒里加建一部新的楼梯，附带的好处是可以拆除笨拙的防火墙。那些防火墙，是在赖特去世后为了在每一层形成必要的防火前室而添加的。"

■ 塔楼的未来

建筑师赖特实现了他酝酿已久的塔楼。在其中辛勤工作的化学家们告诉我们，这里独特的空间曾激发了他们的灵感。令人遗憾的是，今天为约翰逊制蜡公司探

图 1-54　塔楼的新邻居，诺曼·福斯特设计的"弗特莱萨厅"于 2010 年 1 月落成

索未来的化学家们，只能在被赖特戏称为"一大堆方盒子"的环境里工作。

塔楼依然是约翰逊制蜡公司的标志。在停止使用后不久安装了简单的照明设备，从此每晚塔楼仍被灯光照亮。"原先顶棚上点状分布的灯，现在已经找不到相同的替换品，我们关掉了它们，在工作台上方的扶手上安装了长条的荧光灯管"。均匀的白色灯光经过顶棚的反射，使整座建筑发出柔和的光辉。负责照明改造的沃特把灯光自动关闭的时间设在晚上 11 点，当作他上高中的女儿的熄灯信号："如果她看到塔楼的灯已经灭了，就知道自己睡得太晚了。"

2010 年年初，塔楼有了一位新邻居：弗特莱萨厅（Fortaleza Hall），设计者是英国著名建筑师诺曼·福斯特（Norman Foster）。圆柱形的玻璃大厅里悬吊着水陆两栖飞机"卡那巴精神号"（Spirit of Carnauba），象征着一段辉煌的历史。

1935 年，包括赫伯特的五个人乘坐这架飞机从威斯康星州飞到巴西东北部的

图 1-55　赖特设计的园区建筑群簇拥着高耸的塔楼

弗特莱萨，历时两个月又安全地飞回。❶ 他们在丛林中找到一种名叫"卡那巴"的棕榈树，作为制蜡的新原料，在经济危机的漩涡中拯救了企业。

　　有趣的是，在 2009 年公司推出的公众宣传手册里，"我们是谁"（Who We Are）一节的插图仍然选用赖特的塔楼，而不是光鲜亮丽的弗特莱萨厅。约翰逊基金会的前任主席威廉·博伊德博士谈道："或许你会觉得不合情理，它已经荒废了，但依然是这家企业的创新精神的代言人。"

　　并非所有大型企业都会珍视一座已经荒废的实验楼。尽管它在 1974 年被列入《国家史迹名录》❷，但是换成另一家公司，仍有可能推倒这个古董——约翰逊制蜡

---

❶　日后赫伯特卖掉了这架飞机，这里展示的是足尺的复制品。

❷　1966 年美国政府设立的《国家史迹名录》（*National Register of Historic Places*），作为国家公园管理系统的一部分，对象为值得保护的建筑遗产。

公司绝不会这样做。弗特莱萨厅里，专门设有向赖特致敬的图书馆和阅览室，向游客和建筑研究者开放。

山姆·约翰逊记得，赖特曾经向他父亲保证，实验楼会成为世界闻名的"灯塔"。但是在施工的过程中，看到它的怪模样，公司的某些化学家们（未来的使用者）流露出怀疑的眼光："它看上去不太实用。"

然而，山姆相信建筑和使用者能够相互促进。"杰出的人才在杰出的环境里工作，雷达、碧丽珠这些我们最成功的产品都是在塔楼里酝酿、孵化的。谁能否认，赖特对它们的诞生没有起到激发灵感的作用？这正是我父亲的理念：研究和设计是企业生存的根基，而象征同样非常重要。"

如今，你无法想象整个企业园区里失去这座塔楼。哈特曼认为："如果你拔掉这座塔楼，紧邻的办公楼立刻显得不完整，反过来也是同样的。这两座赖特的建筑已经融合在一起，天衣无缝。"

山姆考虑过塔楼的新用途："我曾经计划把它重新利用，让一些员工，尤其是肩负重任的谋划者搬进去办公，可惜只有很少的员工表示出热情"。韦斯利·彼得斯甚至提出一个设计方案，把塔楼改造为由他独享的办公楼，但是山姆拒绝了，因为他不希望自己的办公地点远离公司的员工们。"那样不适合我的个性和我的管理风格"。山姆这样总结赖特的塔楼，恰恰是矛盾让它富有魅力："单纯从功能的角度衡量，它是失败的，然而从精神的角度看，无疑是巨大的成功。"

在1988年出版的一本介绍企业发展历程的书中，山姆·约翰逊写道："如果让我指出，哪一点是约翰逊制蜡公司杰出的建筑对企业最大的回馈，我认为那就是建筑的魅力时刻启发在其中工作的人们，以及不断吸引富有才干的新人。我父亲很早就认为，无论对于企业集体还是员工个人，建筑环境都至关重要。在企业集体的层面，我们希望建筑能向城市社区、我们的同事和顾客，甚至也包括我们的竞争者，传递企业追求精品的信念；在员工个人的层面，物质的工作环境是每个人工作方式很重要的一部分，也是每个人创造力来源的一部分。任何时候我们建造工作环境，必然要彰显追求精品的传统。"

前任总裁比尔·佩雷兹回忆道："我在约翰逊制蜡公司工作的几十年里，经常

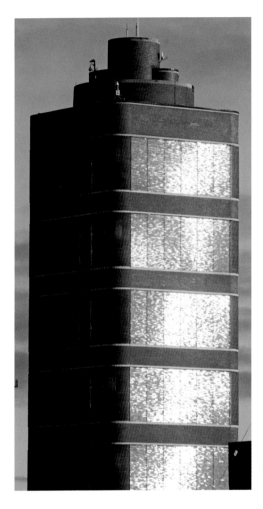

图 1-56 玻璃管的幕墙立面在
夕阳里晶莹闪烁

会陪客人参观实验楼，偶尔也会独自去看看。这座著名的建筑在讲述一个勇于创造的故事。我们每时每刻都要提醒自己，新产品永远是这家企业的生命源泉。"20世纪90年代，当佩雷兹担任总经理期间，公司需要扩充办公空间，"我首推的方案就是改造塔楼，用作新的办公空间。因为它是公司的文化遗产，并且我认为改造比新建更节省造价。可惜经过估算，改造的计划在经济性方面显然不可行。"

理查德·卡朋特曾担任公司的总经理，他也记得关于继续利用塔楼的各种提案，例如用作库房或职员办公室，然而都没有落实。"如何合理地使用所有楼层，从来就没有形成非常理想的解决方案。至于加建新的竖向交通核，也没有既可行又美观的方案。我们曾经讨论过在塔楼的外面加建一部电梯，但始终停留在纸面上。

我知道，很多化学家们在里面工作感到很自豪，但是他们也很乐意搬进一座更常规的实验楼。我相信，没有人在告别这座塔楼的时候会说：'能留在这里该多好'"。

卡朋特理解它在现代建筑史上的重要意义，但是对于它未来的重新利用持怀疑态度："它未来的唯一角色，是建筑系学生的教科书。然而学生们很难理解，这座建筑有难以克服的功能缺陷。"

参观办公楼的游客，时常会问起不远处的实验楼。菲斯克·约翰逊（赫伯特的孙子）是现任的公司总裁兼总经理。他相信，重新启用塔楼的唯一障碍就是建筑防火规范。他主导了新建的弗特莱萨厅，也对自己熟悉的塔楼满怀敬意："我梦想有一天让这件杰作获得第二次生命，既满足现有的规范，同时也不会破坏它原有的美。我祖父促成了它的诞生，我父亲（山姆）作为产品研发的主管，曾经和科学家们在里面工作，研制出雷达、碧丽珠等重要的新产品。这座塔楼自豪地象征着，创新是这个家族企业的核心，过去如此，未来也必将如此。我们将一直保留赖特的杰作，每天晚上用灯光照亮它，让它成为周边社区和整个城市里的灯塔，这家企业将永久地扎根于此。"

偶尔有机会入内参观的游客，并没有绝望荒废的印象。工作台上的许多器具都摆在原位，时间仿佛凝固在1981年，虽然塔楼的重新启用遥遥无期，但它仍旧是极富魅力的象征物。菲斯克·约翰逊谈到它，引用了1943年12月赖特写给他祖父的信："整体的意义远远大于局部，整体的优势将带给你无与伦比的价值。"

图 1-57 赖特设计的印第安部落酋长纳柯米斯的雕塑

后　记

　　约翰逊制蜡公司具有超乎寻常企业的历史责任感，始终保留着这座雄奇的建筑并加以维护，即便它已经完全空置 30 多年——甚至超过了作为实验楼使用的时间。

　　令人兴奋的是，近些年来实验楼重新获得了生命。2013 年至 2014 年进行的修缮，让第三个主楼层和它的夹层彻底恢复到 1950 年落成时的面貌。1970 年为满足建筑规范而增加的防火墙被拆除，赖特最初设计的顶棚上的灯具也按照原样替换更新。

　　2014 年 5 月，实验楼有史以来第一次对外开放。游客可以进入这两个楼层，参观公司历史和建筑诞生过程的展览。目前每年大约 6 万人次的参观者见证着那段永不褪色的传奇：犹疑的赫伯特·约翰逊和坚定的赖特，共同为这家企业创造了一座非凡的高塔。

马克·赫茨伯格

2018 年 12 月 14 日

于威斯康星州拉辛市

图 1-58 实验楼的夜景灯光效果

图 1-59 2014 年修缮的展示楼层

参考文献

Adamson, Glenn. *Industrial Strength Design: How Brooks Stevens Shaped Your World.* Milwaukee: Milwaukee Art Museum; Cambridge, MA: MIT Press, 2003.

Ballon, Hilary. "Frank Lloyd Wright: The Vertical Dimension." *Frank Lloyd Wright Quarterly* (Summer 2004): pp. 5–13.

———. "From New York to Bartlesville: The Pilgrimage of Wright's Skyscraper." In *Prairie Skyscraper: Frank Lloyd Wright's Price Tower,* edited by Anthony Alofsin. New York: Rizzoli, 2005.

Besinger, Curtis. *Working with Mr. Wright: What It Was Like.* Cambridge: Cambridge University Press, 1995.

Blake, Peter. *The Master Builders.* New York: Knopf, 1961.

Drexler, Arthur. *The Drawings of Frank Lloyd Wright.* New York: Horizon Press, 1962.

Frank Lloyd Wright: From Within Outward. Exhibition catalogue. New York: Rizzoli, 2009.

Futagawa, Yukio, and Bruce Brooks Pfeiffer. *Frank Lloyd Wright Monograph, 1924–1936.* Tokyo: A.D.A. Edita, 1985.

———. *Frank Lloyd Wright Monograph, 1942–1950.* Tokyo: A.D.A. Edita, 1988.

Gill, Brendan. *Many Masks: A Life of Frank Lloyd Wright.* New York: Da Capo Press, 1998.

Hertzberg, Mark. *Wright in Racine: The Architect's Vision for One American City.* San Francisco: Pomegranate, 2004.

Hitchcock, Henry-Russell. *In the Nature of Materials, 1887–1941: The Buildings of Frank Lloyd Wright.* New York: Da Capo Press, 1975.

Hoffmann, Donald. *Frank Lloyd Wright, Louis Sullivan and the Skyscraper.* Mineola, NY: Dover, 1998.

Johnson, Samuel C. *The Essence of a Family Enterprise.* Racine, WI: SC Johnson, 1988.

JonWax Journal, March 1961: 75th anniversary issue. Racine, WI: SC Johnson and Son.

Journal of the American Monument Association, June 1979.

Levine, Neil. *The Architecture of Frank Lloyd Wright.* Princeton, NJ: Princeton University Press, 1996.

Lipman, Jonathan. *Frank Lloyd Wright and the Johnson Wax Buildings.* New York: Rizzoli, 1986.

Macaulay, Stewart. "Organic Transactions: Contract, Frank Lloyd Wright and the Johnson Building." *Wisconsin Law Review,* 1996, no. 1: pp. 75–121.

McCarter, Robert. *Frank Lloyd Wright.* London: Phaidon, 1997.

———, ed. *On and By Frank Lloyd Wright: A Primer of Architectural Principles.* London: Phaidon, 2005.

Modern Architecture U.S.A. Exhibition catalogue. New York: Museum of Modern Art, 1965.

Pfeiffer, Bruce Brooks. *Frank Lloyd Wright: The Heroic Years, 1920–1932.* New York: Rizzoli, 2009.

——. *Treasures of Taliesin: Seventy-seven Unbuilt Projects.* San Francisco: Pomegranate, 1999.

——. *Wright.* Edited by Peter Gössel and Gabriele Leuthäuser. Cologne: Taschen, 2003.

Riley, Terrence, and Peter Reed, eds. *Frank Lloyd Wright, Architect.* New York: Museum of Modern Art, 1994.

Rintz, Donald. *Frank Lloyd Wright and Prairie School Architecture: Tour Guide.* Racine, WI: Racine Landmarks Preservation Commission, 1994.

SC Johnson and Son, R & D Staff. *For the Next Generation: The Commitment to Research at Johnson Wax.* Racine, WI: SC Johnson, 1986.

Scully, Vincent Joseph. *Frank Lloyd Wright.* New York: George Braziller, 1960.

Secrest, Meryle. *Frank Lloyd Wright: A Biography.* Chicago: University of Chicago Press, 1992.

Sloan, Julie L. *Light Screens: The Leaded Glass of Frank Lloyd Wright.* New York: Rizzoli, 2001.

Sprague, Paul E., ed. *Frank Lloyd Wright and Madison: Eight Decades of Artistic and Social Interaction.* Madison: Elvehjem Museum of Art, University of Wisconsin-Madison, 1990.

Stipe, Margo. *Frank Lloyd Wright: The Interactive Portfolio.* Philadelphia: Running Press, 2004.

Wright, Frank Lloyd. *An American Architecture.* Edited by Edgar Kaufmann. San Francisco: Pomegranate, 2006.

——. *An Autobiography.* New York: Longmans, Green and Company, 1932.

——. *An Autobiography.* New York: Duell, Sloan and Pearce, 1943; reprint, San Francisco: Pomegranate, 2005.

——. "Frank Lloyd Wright." *Architectural Forum,* January 1951.

——. *The Story of the Tower: The Tree That Escaped the Crowded Forest.* New York: Horizon Press, 1956.

——. *A Testament.* New York: Horizon Press, 1957.

Zimmerman, Claire. *Mies van der Rohe, 1886–1969: The Structure of Space.* Hong Kong: Taschen, 2006.

帕尔默住宅

收集整理、编写：

格兰特·希尔德布兰德与伊顿夫妇

　　1952 年建成，位于密歇根州安娜堡的帕尔默住宅，是赖特晚年的住宅杰作之一。以伊顿夫妇收集的丰富资料为基础，希尔德布兰德结合自己对这座住宅长达 52 年的深入了解，讲述了帕尔默住宅的故事：从业主夫妇选定建筑师、设计与施工中的挑战到日后加建庭园和茶室，以及建筑在业主一家生活中的重要角色。

　　翔实的采访记录、照片、平面图和示意图不仅全面地介绍了这座建筑的形式和空间特征，并且用一组鲜活的人物群像描绘了它的诞生以及那些珍视它的人们长达半个世纪的陪伴。希尔德布兰德细致地分析了建筑师和业主之间、住宅和用地之间密切呼应，以及这座住宅在赖特毕生作品集中的地位。作者雄辩地证明，名不见经传的帕尔默住宅理当列入赖特最重要的住宅作品。

作者简介

　　格兰特·希尔德布兰德（Grant Hildebrand），华盛顿大学建筑学与建筑史荣休教授，其著作包括《赖特空间：赖特住宅的模式和含义》（ *The Wright Space: Pattern and Meaning in Frank Lloyd Wright's Houses* ），曾或华盛顿州的"州长写作奖"。他现居西雅图。

　　伦纳德·伊顿（Leonard K. Eaton），密歇根大学的建筑学荣休教授，著有《两位芝加哥建筑师和他们的业主：赖特和肖》（ *Two Chicago Architects and Their Clients: Frank Lloyd Wright and Howard van Doren Shaw* ）。伊顿夫妇现居俄勒冈州海岸。

序与致谢

20世纪80年代后期，安·伊顿和伦纳德·伊顿记录了大量有关玛丽和比利·帕尔默夫妇及其家庭的系列采访，并且收集了一系列展示他们的住宅从1951年到1952年建造过程的照片。赖特设计的帕尔默住宅位于密歇根州的安娜堡市。伊顿夫妇同时记录下了帕尔默夫妇自己设计庭园的建造过程。

基于这些收集的资料，伊顿夫妇开始撰写关于帕尔默家庭和他们住宅、庭园的专题著作。2004年，当觉得这项工作的进一步发展超出了自己的精力时，他们找到我完成这项任务。为了实现安和莱昂纳德的意图，我一次又一次地借助他们整理出的无可替代的材料，并且直接引用他们原有的部分措辞。本书采用了他们收集的住宅建造过程中无比珍贵的照片。

位于西塔里埃森的"弗兰克·劳埃德·赖特基金会"的档案供我不受限制地借阅，并且工作人员都慷慨地给予帮助，为此我要特别感谢玛戈·斯蒂普女士。我也必须要感谢基尔伯特·伊德先生在我查询档案资料时热情地接待了我。

密歇根大学音乐学院的马丁·卡茨教授慷慨地提供了一些关于帕尔默住宅和贝多芬的想法。华盛顿大学音乐学院的斯蒂芬·伦夫教授阅读文稿并且提供了非常有帮助的建议。道格拉斯·凯尔博和帕尔默夫妇的儿子阿德里安、女儿玛丽和孙女薇薇安在写作的后期发展阶段审阅了手稿，提供了有价值的评论和热情的支持。詹妮弗·泰勒为文本的主旨和风格提供了宝贵的建议。马克·李认真地识别并记录了庭园中每种植物的位置。比尔·胡克从马克的记录文献中得出的图，是理解第5章必不可少的资料。密歇根大学本特利图书馆的萨莉·邦德一直慷慨地给予支持，并澄清了有关当地历史的几个问题。苏珊·怀曼女士管理了近来现场工作的棘手日程安排，处理了各方面不计其数的电子邮件，为兰德尔·斯泰格迈尔的摄影技术提供保障，并亲自测量混凝土地板中的三角形尺寸。如果没有她大量和耐心的参与，这本书的品质必然大打折扣，某些内容可能不会如此完整地呈现。我对他们所有人都表示由衷的感谢。

只言片语难以表达我对朋友和同事比尔·布斯所作贡献的感谢。他提供了许多关于文本问题的评论和见解；他在争取外部出版支持方面的非凡技巧对于作品的快速成型不可或缺，更重要的是，确保了最终书稿所达到的质量。

我的妻子米瑞姆多年来耐心地为我的所有工作提供大量的建议和鼓励。尤其在这个项目中，她和我一样怀着对帕尔默夫妇的敬仰，成为这项工作不可分割的一部分。

华盛顿大学出版社的米歇尔·达科沃斯、玛丽莲·特鲁伯罗德和妮娜·麦吉尼斯从一开始就对这个项目给予热情的支持。西格莉德·艾伯特将她的平面设计天赋转化为出色的视觉设计作品。通过他们的努力，这本书最终成为我们所期望的典雅精品。

最后，所有与本书相关的人以及本书的读者，都需要感谢玛丽和比利❶·帕尔默夫妇——感谢他们的友善、热情、洞察力和学识。感谢他们慷慨地分享自己建造并长久以来深爱的这座住宅。

---

❶ "比利"（Billy）是男子名"威廉"（William）的昵称。

前　言

　　1950 年春天，赖特接受了帕尔默夫妇的委托，为他们在密歇根州安娜堡东边一年前购买的土地上设计一座小住宅。1952 年 12 月住宅落成时，帕尔默一家四口迁入新居。

　　我于同一年（1952 年）进入密歇根大学建筑系就读。第二年，我偶然了解到这座房子，并在一个秋天的周末实地造访。你绝不会认错它：我的视线被一条棕红色的细碎砖块铺成、通向停车位旁砖柱的车道所吸引。接着我看到了整个建筑，它像是一座建筑语言构成的雕塑，一部分嵌在绿草覆盖的土丘里，另一部分从中自然地显露出来。

　　这是我第一次亲眼见到赖特的建筑作品——也许是第一个我认为称得上"建筑"的房屋。它看上去就像我脑海中能想象出的最美妙的物品。我记得当时帕尔默夫妇正在车道上忙碌着什么。现在回想起来，假如我请求他们带我参观住宅的更多细节，他们想必会热情地答应，但是我当时太羞涩以至于没有开口。那段经历已是几十年前的事了。

　　1986 年，我在密歇根大学曾经的导师莱昂纳德·伊顿教授当时还在任教。他组织了一场关于赖特的研讨会，并友好地邀请我参会。帕尔默夫妇将他们的住宅对外开放，为活动举办了一场招待会。那是我第一次接触威廉和玛丽，以及他们的儿子阿德里安。在同一时期，莱昂纳德和他的夫人安正在录制对威廉、玛丽及其孩子们的一系列采访，并收集相关的照片，开始着手关于帕尔默家庭和住宅的专题著作。

　　在接下来的几年里，我偶尔会再次驻足安娜堡，并且通过某些方式对帕尔默夫妇有了更进一步的了解。而后的 1999 年，我被邀请担任密歇根大学的客座教授，虽然那时比利已经搬到疗养院，但我和妻子米瑞姆仍经常到他们的住宅拜访玛丽。

多年以来，伊顿夫妇撰写帕尔默住宅专著的工作经常被其他各种事情所打断。2004 年，他们感到这项工作已超出了自己力所能及的范围。我们一直保持着朋友关系，他们问我是否愿意在他们努力的基础之上继续完成这本书：对住宅和建造它并且住在里面的人做一个全面的描述。我想没有任何比这更受欢迎的请求了，我欣然接受这个任务。对于我，对于伊顿夫妇，做这件事的动力都是发自内心的热忱。这也让我有机会更清楚地看到，自己近半个世纪前对这座住宅的印象背后究竟隐藏着什么。

赖特先生为比利和玛丽·帕尔默夫妇所设计的这一住宅也许是他后期住宅作品中最出色的——起码是众多杰作中突出的一个。这样的断言在某种程度上显然是主观的，但我们不难找到某些具体的特征为其辩护。例如，这座建筑和环境的关系：在美国中西部一个最令人满意的小城镇，它和充满魅力的场地完美地融为一体。

此外是赖特个人对于这座住宅的密切关注。当他开始着手设计的时候是 83 岁，结束时已经 85 岁。在赖特晚年，许多像帕尔默夫妇一样对生活怀有追求的人，被他盛放的才华所吸引。但是日渐衰老的赖特毕竟还需要同时应对其他许多耗费精力的事项，包括越来越频繁的演讲活动，尤其是古根海姆博物馆冗长拖沓的建设难题。因此，在帕尔默夫妇希望委托赖特设计新居的阶段，他接下的许多小型项目都是由得力的助手实际负责。不久之后，他就将此类项目完全托付给塔里埃森的学徒们。然而，帕尔默住宅最终实现的品质以及资料的记载都证明赖特为它倾注心力，全面掌控着设计和建造细节。在赖特后期的一批住宅作品中，这样的精品屈指可数。赖特倾注心力，全面掌控细节的另一座住宅，是位于亚利桑那州的普莱斯住宅（Price House，1954 年）。

帕尔默住宅由一系列丰富的材料建成。用于外墙的砖具有非常独特的颜色和质感，定制的异形镂空陶土砖点缀其间，使墙面获得强烈的视觉效果。地面（包括台阶和停车位）都是具有赖特代表性手法的红色混凝土，但是精细施工产生了罕见的类似皮革的表面质感。坡度舒缓的屋顶覆盖着雪松木瓦，露在室外的所有金属部件都是铜质并且有绿色的锈化处理，连接城市道路的车行道铺满碎砖块。

与赖特的其他 20 多座住宅作品一样，这座建筑采用正六边形（或者说等边三角形）作为几何母题。帕尔默住宅各部分的几何形状保持着严格的一致性，并且特别强调富有雕塑感的体量和空间关系在不同尺度的变化。

一方面，这些品质是赖特在他的能力达到顶峰、几乎是在他最后一次做到全局掌控的情况下倾心投入的结果。然而另一方面也归功于卓越的建筑师和卓越的业主之间的融洽关系。因为帕尔默夫妇，或许尤其是玛丽，从最初构思那一刻起到随后 50 年及更长久的时间里，都对这座住宅产生着深刻的影响，不断地增加它的魅力。

第1章 帕尔默住宅及其环境

■ 小城

在地形平坦的底特律以西 60 多公里处，休伦河（Huron River）蜿蜒流经这片地形与周边显著不同的美丽的丘陵地区。这里有一座由约翰·艾伦和伊利沙·拉姆塞于 1824 年建立的小城。他们称它为"安娜堡"（Ann Arbour）❶，是因为他们的妻子共同拥有的名字"安"以及该地区葱茏的草木。

该小城最令人瞩目的事件发生在 1837 年，伴随着密歇根被确立为一个新的州，密歇根大学从底特律搬到了安娜堡。大学早期的校园建在城中少有的平坦区域——一片位于城中心东侧 16 公顷的台地。在内战后的几十年里，它曾经是美国国内最大的大学。伴随着它的发展，各类校园扩张开始与城镇空间相融合。从那时起，校园和城镇之间就失去了明确的边界。

然而，城镇和大学的建筑氛围截然不同。安娜堡现在是一个规模可观的城市，但处于它的中心，感觉仍像在一个小城镇，大多数熟悉它的人想必都有这种感受。城镇经历了复兴、更新和现代化入侵的大杂烩，以及近来城镇周边大幅度的发展，它仍然保留下小尺度的维多利亚风格的建筑特色。城中有许多维多利亚风格❷的商业建筑，几座建于 19 世纪晚期、由当地花岗岩粗石建成的异常精美的教堂，还有一座恢宏的理查森罗马风❸的火车站、一家采用同样建筑材料的餐馆。如今遗存的

---

❶ Arbour 意为庭园中的廊架。Ann Arbour 应译为"安 - 阿伯"，更贴合地名的由来，现从通译。

❷ 维多利亚风格，是指英国维多利亚女王统治时期（1837 ~ 1901 年）自英国产生而影响世界各地的建筑风格，造型较为细碎，装饰堆砌烦琐。

❸ 理查森罗马风，是指模仿美国建筑师理查森（Henry Hobson Richardson，1838 ~ 1886 年）的风格，常用质感粗犷的石材和半圆拱。

图 2-1 安娜堡市中心典型的"维多利亚风格"商店建筑立面

砖铺的老街旁,火车站和几座教堂仍然非常醒目。大部分早期的住宅依然完好无损地环绕着商业中心。街道景观中一些本土的、殖民时期和维多利亚风格的建筑相互映衬,偶有一座精致的希腊复兴风格的建筑点缀其间。

与小城安娜堡不同,密歇根大学的建筑没有任何主导的特点或风格。校园里为数不多的维多利亚风格的建筑是校长住宅和一座风格类似城中石头教堂的纽伯利楼。来自底特律的伟大建筑师阿尔伯特·康(Albert Kahn)设计了希尔大礼堂、自然科学大楼、安格尔厅、综合图书馆(现在的海切尔研究生图书馆)和波顿塔,它们每一个都有不同的风格。和其他大学一样,二战后的快速增长使得校园建筑趋于平庸化。

然而密歇根大学里仍保留着一些称得上"美"的建筑个体。紧邻校长住宅的东面是克莱门斯美国文献图书馆,也是由阿尔伯特·康设计,称得上新文艺复兴

图 2-2　密歇根大学法学院宿舍（约克和索耶事　　图 2-3　安娜堡的森林山公墓主入口（1874 年）
务所，1924 年）

风格的瑰宝。克莱门斯图书馆的南面是法学系庭院，由纽约的约克和索耶（York
& Sawyer）建筑事务所设计，堪称全国最精美的校园哥特式建筑杰作之一。它也
被称为"密歇根州最美的校园建筑群"。20 世纪 80 年代在庭院里加建的图书馆由
建筑师贡纳·伯克茨（Gunnar Birkerts）设计，是在风格如此强烈的建筑群中低调
加建的成功典范。紧邻法学院西面是被常春藤覆盖建筑立面的"密歇根联盟"（即
学生中心），由芝加哥的庞德兄弟（Pond & Pond）建筑事务所设计，散发着温和
丰富的建筑魅力，是任何既定风格都难以界定的。

　　城镇和大学共同传递出一种不寻常又相互矛盾的静谧与温和。如果问一个人
如何能爱上安娜堡这座城市，只需在那里生活一段时间便会知道答案。

图 2-4 英格里斯住宅的北立面（建筑师不可考），现为密歇根大学所有

图 2-5 帕尔默住宅附近的果园山路

■ 邻里

在大学主校区的东面，经过自然历史博物馆和沃特曼健身馆，在 20 多个网球场和一片大草地之外是一面峭壁，上面是一排可追溯到 20 世纪 20 ~ 50 年代的宿舍。接着往东是森林山公墓（Forest Hill Cemetery）。由当地花岗石建成的公墓大门和门房位于西南角，这里也标志着格迪斯大道（Geddes Avenue）的起点。沿着大道向东，会经过绵延起伏的绿地、老旧的公寓、私人住宅以及大学兄弟会（Delta

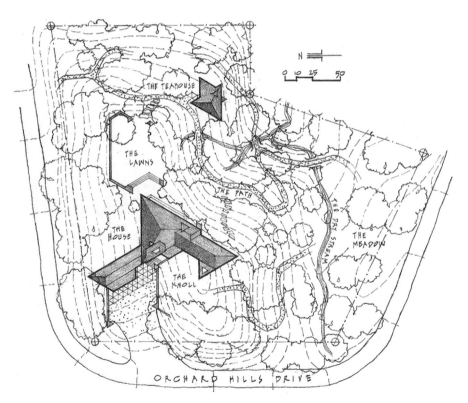

图 2-6 帕尔默住宅的总平面图，为了清晰地显示建筑和道路，地段内的植被只画出了乔木和较大的灌木（图中单位为英尺）

Tau Delta）。在大道两侧有很多通向住宅区的狭窄道路。其中位于北侧的一条路通往富商英格里斯的庄园，它是安娜堡最宏伟的石材建造的住宅之一。

继续向东，再沿着"果园山路"（Orchard Hills Drive）向北，很快道路就会变成一条狭窄弯曲的土路。步行几百米后稍向左转，便能窥见帕尔默住宅。从那里透过树叶，可以看到它南面卧室的窗户和屋顶。道路接下来急转向右，把住宅所在的小山丘环绕起来。

■ 帕尔默住宅

在场地的最西端，车行道从城市道路急剧攀升通向住宅。没有为行人所专门设计的步道，但这个缺点被一条设计考究、由棕红色碎砖铺成的车道所弥补。从车道中途开始，停车棚（carport）的北端便逐渐进入视野。当靠近车道末端时，住宅的全貌便一展于眼前。站在这里，能够以 180° 的全景视角欣赏帕尔默住宅。在右侧，覆草的土丘看上去就要触及卧室挑出的屋檐；在左侧，穿过停车棚的矮墙能看到远处的庭园；往上看，茂密的树林高耸于屋脊之上。

缓坡屋顶的表面采用雪松材质的木瓦，屋檐处有木制封檐板。位于车库、入口和书房处半岛形状的几块平屋顶都用铜板包裹。停车棚的地面和入口台阶的平台是带有三角形细槽分格的红色混凝土。外墙的主要材料是一种特别选用的砖，也显露在相应的室内墙面。这种色差微妙的砖在赖特的作品中独一无二，并且在任何地方都不常见。它的颜色范围从柔和的棕色到略带粉色的赤陶色，每一块砖的颜色都在这一范围内有所变化。

砖的表面硬度足以承受自然的侵蚀。但是看上去像是一种易于雕刻的软黏土，没有任何光泽。微小的尺寸或形状不规则，让每一块砖都显得非常柔和。沿用赖特早年"草原学派"（Prairie School）时期的常用手法，砖块之间的水平灰缝刻意剔成凹陷状，而竖向灰缝则与砖块表面平齐，更加凸显建筑的水平线条感。

连排的镂空陶土砖，高度相当于五块标准黏土砖，在外墙形成多条水平"色带"：一条在住宅主体的屋檐下，另一条在停车棚的屋檐下，还有两条出现在入口旁的"船

图 2-7 帕尔默住宅，刚驶近入口时的印象

图 2-8　帕尔默住宅入口的台阶

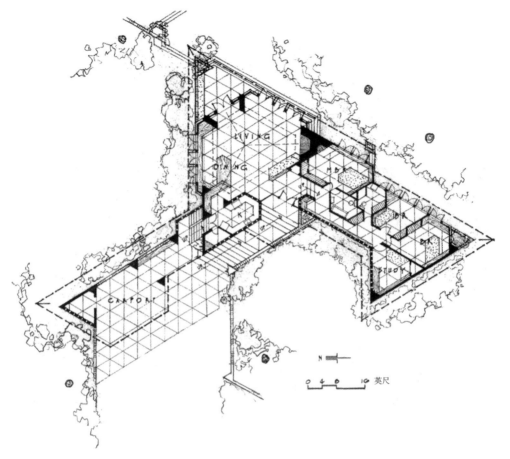

图 2-9 帕尔默住宅平面图

头"位置。这些镂空的陶土砌块在颜色和纹理上与外墙的红砖完全一致，它们实际上是一些多边形的小窗户。类似的镂空砌块此前曾用于同在密歇根州的麦卡特尼住宅（McCartney House，1949 年），日后还出现在加利福尼亚州的阿伯林住宅（Ablin House，1958 年）。

建筑的砖砌主体、车库地面上的分割纹样、入口台阶的形状，以及台阶右侧矮墙上的定制灯具，都体现了住宅平面的几何母题：等边三角形。住宅室外和室内多种构件的平面形状都是不同大小的等边三角形，偶尔会出现六边形或六边形的局部。

住宅入口分成两段的混凝土台阶被两侧的砖墙围合。台阶和砖墙在平面上呈60° 的关系，因此当你面朝入口，右侧的砖墙相应地略微后错，显露出植被覆盖

图 2-10　帕尔默住宅起居室，从餐桌区朝壁炉和钢琴（东南方向）看，可见室外的庭园

图 2-11　起居室，向北边的餐桌区和厨房入口看

图 2-12 厨房的入口处　　　　　　　　**图 2-13** 厨房内部，向南边看

的小土丘，成为道路对面英格里斯住宅"借来的"景观的前景。

　　进门后的左边是等边三角形的起居和用餐空间，这里是整个住宅的主体。正前方两根砖柱之间是一扇法式玻璃门，通往室外平台和远处的草地。在它们的右边是一整面连续的落地玻璃门或窗，从那里出去下几级台阶便到达庭园。在这一整面玻璃落地门的右端由一对相同的砖柱围合成大壁炉。接着向右是装软垫的固定座椅，这种炉旁闲坐的形式频频出现于赖特设计的住宅中。在两根砖柱的左侧是另一面连续的玻璃窗，进深很宽的窗台下是一排橱柜，在视觉上形成了餐桌的背景。

　　再向左，窗的尽端是第三对砖砌柱子，它们围合出木制餐具架和备餐橱柜。这对立柱也形成了一条偏转的路径，通向一个看不见却很明亮的空间（厨房）。遮

图 2-14　起居室，从餐桌区向南边
　　　　　看通往卧室的走廊

图 2-15　联系三间卧室的走廊，向南边看，尽端是书房
　　　　的门

图 2-16 帕尔默夫妇卧室的壁
炉和阅读角

图 2-17 儿子阿德里安的卧室

图 2-18 女儿玛丽的卧室

图 2-19 比利的书房

图 2-20 书房屋顶上三角形的小天窗

挡那个神秘小空间的镂空砖墙与壁炉旁长椅后面的木质矮墙齐平，它们的连线构成了"起居室—餐厅"这个空间的第三边。起居室的顶棚简洁地以刷清漆的柏木板呈三个斜面相交于顶端的一点，底部是一圈环绕空间的木搁板。顶棚的底边和外部有相似细节处理的屋檐位于同一高度。

走过餐桌左边的砖墙并向左转180°，就进入厨房。厨房里明亮的自然光来自天窗、工作台和橱柜上方两条连续的镂空陶土砖。这种别致的镂空透光效果比住宅里任何其他地方都更加明显。不锈钢制成的操作台分为三段，平面呈60°角的拼接非常精细，西侧的操作台上有一体的水槽。食品储藏间原本是供雨天换装的"沾泥间"（Mudroom），形成从室外看起来视觉效果强烈的"船头"。

住宅入口右侧的镂空砖墙挡住了通向卧室的走廊，去往卧室需要登上三级台阶，因此使得人与头顶顶棚的距离更近了。上台阶之后向右转，再左转便是走廊。在走廊的一侧，有一张小的工作桌固定在形状曲折的墙面上。那里是玛丽处理家庭事务的地方。除了砖墙之外的所有内墙（包括走廊），都采用刷清漆的柏木板。

具体做法是：高度约300毫米和略微内凹的高度约25毫米的柏木条交替，形成水平方向的装饰线脚。室内的顶棚（包括走廊）也都采用刷清漆的柏木板。走廊外墙上的镂空陶土砖产生的丰富光影变化仅次于厨房，使人联想到光影斑驳的森林小径，或是住宅旁庭园中的园路。

进入走廊后第一个房间是主卧室，里面有壁炉和阅读区，并且有朝向庭园的宽阔视野。帕尔默住宅三间卧室的床都是不规则的六边形，是作为建筑施工的一部分定制的。

接下来走廊变得很窄——墙与墙之间只有约 85 厘米，而且这个宽度被连排的靠墙固定书架（23 厘米进深）进一步缩小。就如赖特作品中常见的那样，建筑空间的戏剧化会随着之后更大的空间展现出来。走廊很快便扩大到近 1.8 米的宽度。由此形成的一小片缓冲空间连接孩子用的卫生间和儿子阿德里安的卧室。

在走廊尽端，左边是女儿玛丽的卧室，右边是比利的书房。两个孩子的卧室都享有庭园的开阔景致，设有内置书桌、书架和六边形的床。比利书房的自然光和厨房的处理手法相同，由镂空陶土砖和一个位于书桌上方的天窗照亮。书房内一个六边形的沙发床可以供学者偶尔小睡。这个房间尽管没有好的景观视野，但仍是一个令人回味的空间，它的封闭内敛正与其功能契合。

■ 草地

项目伊始，帕尔默夫妇就设想了一个朝向庭园的起居空间，这个庭园最终将填满场地整个东部和南部区域。玛丽将那些区域描述为"一种庭园式凉亭，如此一来草地和室外平台就变成起居空间的一部分"。

穿过起居室东端两个砖柱间的法式落地玻璃门，走上三角形的室外平台，前面就是开敞的庭园。平台北侧有矮墙和座椅，矮墙末端是一个三角形种植池，上方是尺度夸张的悬挑屋顶。下几步台阶便是一片小的草地，再走几步便来到一片更大的草地，在那里能看到东北方远处的"借景"。帕尔默家的地界原本只到这片草地东部的边缘。1955 年，当他们买下东侧相邻的约 2000 平方米土地之后，赖特设计了在草地北端的矮墙，但直到 20 世纪 90 年代矮墙才建成。在此之前，那里都是通过种植红豆杉绿篱作为边界。这两片草地在功能上是作为庭园其他部分的前院与衬托。

图 2-21 建筑东侧的草地

■ 庭园和茶室

　　整个庭园都是由帕尔默夫妇亲自设计的。就如旁边道路的名字（果园山路）所暗示的，场地原本是一片果园。当帕尔默夫妇买下这块地后，一些成熟的苹果树、梨树和古老的白橡树、雪松一同被保留下来。他们很快就加种了 100 株雪松幼苗。在获得东面额外的那块地之后，他们清除了杂草并开始大规模地种植，其中包括各种矮小的针叶树、桦树、楝木、枫树、山楂树和皂荚树，以及低矮的植物，包括几种蕨类、蔓穗草、血根草、荚莲、牡丹、雪花莲、延龄草、水仙、落新妇、绣球花、卫矛、富贵草和桃金娘。在整个庭园的历史中，种植的大多数植物品种都是南密歇根州的本土物种。

　　在建造庭园时，帕尔默夫妇最初是依赖对原始场地形态的敏感以及丰富的经

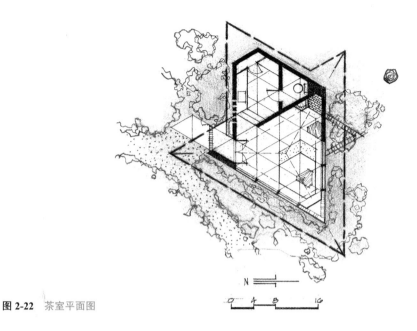

图 2-22 茶室平面图

验——特别是比利对于他们以前庭园的种植和维护。但他们慢慢感到，场地需要一个具有文化气息的构筑物。他们对日本传统庭园格外感兴趣，并于 1962 至 1963 年去日本旅行，在赖特设计的东京帝国饭店（当时尚未拆除）住过。他们还用了一个月时间，参观京都各式各样的庭园。在那之后，他们决定庭园未来的建设中第一件作品将会是一座茶室，以作为对京都的致敬。赖特于 1959 年去世，帕尔默夫妇邀请他的助手约翰·豪设计茶室。在建造帕尔默住宅时，他曾经作为现场代表监督施工。他的茶室设计重现了住宅的材料及几何形态的运用。

从东边草地那条向东延伸的小路进入庭园，经过一个庭园灯（住宅入口处的简单版），沿着陡峭的石阶向下，然后顺着坡地的等高线向南，便会看到茶室出现在园路左侧、石阶底部靠南的位置。

茶室原本的意图不是为了与庭园形成呼应，而是一个能衬托出庭园特点的休憩与宁静的地方。茶室的屋顶是由三个斜面组成的坡度很缓的三棱锥。主体屋顶的东北侧是一个突出的备茶服务房间。与住宅的厨房相似，一面镂空的陶土砖墙把自然光引入准备间室内。穿过茶室狭小的赖特式入口，面前的空间豁然开朗。茶室的空间划分如同住宅，都是从平面上的等边三角形衍生而来。其顶棚也以较小的尺度重复住宅起居室的顶棚。一个壁炉占据了空间左边的角落，它的前方是用来饮茶、谈话和沉思的下沉区域。

两边围绕的落地玻璃，提供了 180° 欣赏庭园的视角。侧窗可以滑开，形成一个被植物环绕的开放休息区。两侧落地玻璃相交的位置刻意设计成没有窗棂，不会成为观景的阻碍。

观景的视野有意设计成室外的环境，仿佛触手可及。右侧坡地的轮廓形成一道景框，而左侧坡地急陡地跌落。屋檐和近处的树林形成一个不透明的顶棚。旁边的一盏石灯散发着古代神社般的宁静。玛丽说："当你坐在庭园茶室的地板上，直视前方的坡地，视线随着山坡的轮廓向上、向下看去，你会感受到这是一幅精心设计的画面。那种体验非常亲切，你也成了景观的一部分。"

园路接下来变成顺时针的环路。其设计灵感来源于京都桂离宫的环绕式庭园小径。环路的第一段，从茶室沿着山坡的等高线继续向西南方向延伸，穿过干枯的溪流河床，就像日本庭园里的常见手法，这种做法是为了效仿动物穿过地形时可能的行走路线。

园路接着迂回转向东北方，然后在场地中东部陡坡处开始下行。接着再次转向南面，穿过一丛树荫，第二次穿过干枯的小溪。继续往前，园路逐渐消失在场地南面的草地里。这个区域有更多的阳光照射，能够零星地看到城市道路对面的植被。从这里开始，园路的形状变得不太明确。如果你随意地向西徘徊，会再次越过干涸的小溪，接着爬上峡谷北侧陡峭的坡地，便会在住宅和城市道路之间重拾园路，经过掩映在树丛中的比利的书房，最终登上住宅入口附近的土丘。整个行走路径有意地模仿桂离宫的空间感受，让人体会到旅途起点也是其终点：这座住宅。

图 2-23 茶室室内，朝西南方向看

图 2-24 茶室外观，从南边看

图 2-25 从茶室旁的小桥回望住宅

图 2-26 从西侧的庭园看树丛掩映中的住宅

图 2-27 在土丘顶部看住宅

图 2-28 玛丽·帕尔默与赖特在阿弗莱克住宅

第2章 设计住宅

■ 决定建房和寻找场地

威廉（昵称"比利"）和他的兄弟查尔斯（昵称"卡洛斯"），是一对双胞胎。父亲哈里是底特律以北80公里的伊姆莱市（Imlay City）的一名银行家。兄弟俩的高中时代和祖父母在洛杉矶度过，他们于1925年回到故乡所在的州，就读于密歇根大学。比利主修经济学，1929年获得学士学位并在一年后拿到硕士学位。毕业后，他接受了助理教授的职位，同时开始攻读博士学位。时间流逝，比利的论文仍然没有完成，而他自己以及同事们都发现他喜欢并且十分擅长教书，比利便作为一名出色的教师留在系里。

玛丽是舒福德夫妇的五个孩子中的一个，他们住在北卡罗来纳州的科诺维尔（Conover）。玛丽的父亲拥有很多重要的商业和银行资产。她的母亲接受过演奏钢琴和管风琴的训练。这两种乐器都成为舒福德家日常生活的一部分。玛丽早年学习过钢琴，并且在高中的乐队担任长笛演奏。乐队负责人是她的舅舅，同时也是密歇根州的一座全国性音乐营的顾问。玛丽在高中的一个暑假也参加过这个音乐营。毕业后她就读于卡托巴学院（Catawba College），1935年转入密歇根大学的音乐学院学习音乐理论，并于1937年6月毕业。同年8月她和比利结婚。

婚后的帕尔默夫妇在靠近校园的希尔街租了一套很小的一居室。1940年，儿子阿德里安出生后，他们搬到伯恩斯公园附近的一座独栋住宅，但仍邻近校园。女儿玛丽于1942年出生，他们决定是时候拥有属于自己的房子了。在玛丽父亲的帮助下，他们在离校园很远的地方买下一座旧农舍，位于城市东部边界附近的格迪斯大道。它的魅力在于散发着19世纪的宁静之美，以及拥有周边的大片土地。

图 2-29 位于安娜堡的托斯利住宅（Towsley House）1937 年建成，建筑师阿尔顿·道（Alden Dow，1904 ～ 1983 年）的设计风格明显受到赖特的影响

在接下来的七年里，比利和玛丽建造了一个他们向往已久、有模有样的庭园。此外，他们还以一种完全传统的方式对房屋进行了大规模的改造，并为其配备了越来越多的古董家具和美国风格的艺术玻璃。玛丽对此培养起浓厚的兴趣，也学习了很多专业知识。帕尔默夫妇很喜欢款待客人，有时会邀请许多朋友来家中做客，而农舍的空间毕竟很小。因此，他们越来越渴望找到一片场地，在那里按照自己的需求建造住宅。较为的理想情况，是在附近建造新居——因为他们喜欢自己熟悉的社区，在这里结识了很多朋友。

他们的朋友伊丽莎白·英格里斯是当地一位富商的遗孀，她豪华的住宅和面积数英亩的庭园就在临近的街对面。她了解到帕尔默夫妇想要建造自己住宅的梦想。1949 年 5 月，她告诉帕尔默夫妇，在她自己房子的东边，也就是距离他们的农舍几百米远的位置，有一块环境优美的坡地。一条新建道路（果园山路）正在施工，一旦通行，就能方便地到达。她相信，那块地是"这座城市最美的地方"（关于这一点，她的描述并不准确。实际上那块地位于安娜堡的城区范围之外）。

玛丽回忆说："为了看一眼场地，我们来到城市的最高点。我们站在陡峭的山地上，发现它事实上是一块小冰碛岩，这也是本地独特的地貌特征。那时场地还是一片果园，有成熟的苹果树和梨树。"恰好在此之前不久，比利获得了密歇根大学颁发的第一批杰出教学奖，也许是这个成就最终促成他们做出购地建房的决定。

"我们想要那块地，于是打电话给我父亲。"玛丽的父母，为他们补足了买下那块宅地所需的资金。在他们的帮助下，帕尔默夫妇买下了相邻的 20 号和 21 号地块，新的场地大约包含了目前住宅用地西面和南面四分之三的区域。

■ 寻访建筑师

当他们买下这块地时，玛丽回忆说："我们的时间表很模糊，也没有感到早日建成入住的迫切压力。事实上，我们并不知道自己想要什么模样的房子。"但他们确实开始考虑建筑师的人选。他们起初考虑乔治·布里格姆（George Brigham），他在安娜堡设计了一幢现代主义的住宅，让人联想到旧金山湾区的木质建筑。他们也很羡慕阿尔顿·道为妹妹玛格丽特和妹夫哈里·托斯利设计的住宅，它位于附近的葡萄园大道旁。

玛丽记得"（道设计的）托斯利住宅当时很有名。对于我来说，它不仅是有名气——而是的确很有魅力。……因为喜爱道的设计风格，我们多次去密歇根州中部旅行，不仅参观他设计的住宅和教堂，也参观了他为自家设计的住宅和庭园。"阿尔顿·道是一位富有才华的建筑师，曾在塔里埃森跟随赖特学习。

第一次提及赖特与帕尔默项目的联系，发生在帕尔默夫妇与比利的弟弟卡洛斯的某次谈话中。在洛杉矶上高中的时期，两兄弟曾参观过赖特的蜀葵住宅（Hollyhock House），也许还有同在洛杉矶的弗里曼住宅（Freeman House）、斯托尔住宅（Storer House）和恩尼斯住宅（Ennis House）。他们当时就知道，这些建筑的设计师是赖特。在比利和玛丽买下地不久，在一次由卡洛斯举办的聚会上，他告诉帕尔默夫妇，他们新家的建筑师"理所当然应该是赖特"。

接下来，玛丽读了亨利-罗素·希区柯克编撰的插图版赖特作品集《材料的天性》（In the Nature of Materials）、赖特的一部自传，以及 1948 年 1 月发行的《建筑论坛》（Architectural Forum）月刊赖特作品专号。但是截止到 1949 年，有关赖特的书刊资料仍然很少，玛丽已经读尽了所有重要的书本资源。当时赖特作为建筑大师，在各个建筑学院被讨论的频率并不高。

正是那一时期，赖特获得了美国建筑师协会的金奖。除此之外，他在很大程度上仍被同行们忽视——很多人都认为，他已经是过去时代的代表人物。著名建筑师菲利浦·约翰逊在 20 世纪 50 年代仍宣称："赖特是 19 世纪最伟大的美国建筑师"，尽管日后他圆滑地收回了自己的这种谬论。帕尔默住宅建成之后的 1957 年，赖特接受密歇根大学建筑系学生们的邀请前来演讲，但他提出的条件是教师们必须回避。

玛丽和比利没有立刻决定聘请赖特作为他们的建筑师。玛丽认为"赖特先生住宅作品的照片从来没有清楚地讲述房子的故事。我一直想知道它们的内部是什么样……我被他的哲学观念所吸引，但是……我真的想住在他所设计的房子里吗？很显然，他的作品照片并不能让我产生共鸣"。她的这些评价值得注意。

当时赖特的很多业主都带着近乎夸张的谄媚接近他，而赖特的答复有时暗示着他对这些口头追捧感到好笑。这方面最具代表性的实例，是作家劳伦·波普（Loren Pope）请赖特为他设计住宅的信。长达 100 多个句子的信中不吝溢美之词："在新的时代，我会选择赖特而不是乔治·华盛顿作为美国青年的楷模。"而赖特的回信只有两句："我乐于为你设计一座住宅。我们很快就会见面。"

帕尔默夫妇的不同之处在于，他们已经有几位建筑师人选，正以一种批判的眼光审视赖特的文字和设计。他们和建筑师之间，通过逐渐接触和会面才建立起一种密切的关系，不妨说是在真正相互尊重的共同基础上产生的——玛丽记得"赖特先生从不粗暴专断"。

决定性的时刻是 1950 年 2 月寒冷的一天，玛丽和比利驾车前往离安娜堡约一小时车程的布鲁姆菲尔德山（Bloomfield Hills），拜访阿弗莱克夫妇。他们的住宅是由赖特在 1941 年设计的。他们或许开车经过了位于普利茅斯，也是由赖特设计的沃尔住宅（Wall House，1941 年），但他们并没有提到过。阿弗莱克住宅尽管在设计上手法更简单，但是在空间处理方面更成功。

"比利和我鼓足了勇气，打电话给格雷戈尔和贝蒂（阿弗莱克夫妇），问他们是否曾向任何一个人展示过他们的房子。我们只是试探性地问问，以便他们有机会说不。我有点紧张、忧虑和兴奋。穿过车库，连续通过几扇高大优雅的门进入前廊，我们立即感受到一种全新的体验。在起居室里，我们被一排窗户所吸引，这些窗

图 2-30 阿弗莱克住宅（Affleck House，1941 年）通向起居室的前廊

图 2-31 赖特设计的史密斯住宅（Smith House，1946 年）东侧外观

子像景框衬托出屋外美妙的山涧景色，我们能感受到那里是一处水景，但已经结冰了。屋内任何一个角落都是温暖的——美妙的壁炉、色泽温润的地板和用在整座房子的柏木。而最重要的是，阿弗莱克夫妇从他们的住宅和设计师那里感受到了爱与温暖。"

玛丽记得在开车回安娜堡的途中，他俩不约而同地说，"让我们去找赖特先生吧。"

"毫无疑问，这对比利和我而言是一段意义深远的经历，而且我们达到了绝对一致的认同。我们对阿弗莱克夫妇的访问是一段珍贵友谊的开始……通过他们，我们结识了史密斯夫妇，他们住在布鲁姆菲尔德山另一座赖特设计的房子里。"

尽管帕尔默夫妇的话语中透露着一种当即就要执行的感觉，他们还是花了八个星期做出决定。在此期间，他们走访了离阿弗莱克住宅不远的史密斯夫妇家、位于本顿港（Benton Harbor）的安东尼住宅（Anthony House，1949 年）。最终，在 1950 年 4 月 17 日，玛丽给赖特写出了第一封信，描述他们的住宅用地是"朝南的坡地，十分陡峭，并且有些长势良好的树木"。信的结尾这样写道：

　　"通过阅读你写下的文字，激发了我们在密歇根尝试你所设计的住宅的想法。我们对你的设计想法印象深刻，当我们看到这些想法变成具体形态时，总是留下更深刻的印象。我们希望，自己不必妥协而选择一个不及你的建筑师来设计我们预想明年建造的住宅。

　　我是一个土生土长的北卡罗来纳人。我的家人告诉我，你将于 5 月中旬出席在北卡罗来纳州罗利（Raleigh）的一个论坛。我可以参加该论坛，并希望能在那里与你见面，讨论是否能将我们视为潜在的业主。我很乐意在你日程空闲的任何时间与你会面。

你非常真诚的

玛丽·帕尔默"

　　5 月 16 日上午，玛丽在北卡罗来纳州立大学建筑学院院长亨利·坎普霍夫纳的家中见到赖特。赖特将于当晚在那所建筑学院发表演讲。玛丽告诉赖特，她和比利已经和阿弗莱克夫妇谈过并参观了他们的房子。

　　赖特回答道："是的，阿弗莱克住宅——但我不再设计类似的房子了。"玛丽还讲述了音乐在他们生活中的地位。在安娜堡的音乐圈，她和比利不但在过去，也会在将来继续作为积极的参与者；他们积极支持密歇根大学音乐学会和音乐学院，许多杰出的学会和学院成员是他们最亲密的朋友。她请赖特"设计一座住宅，让无穷丰富的音乐融为它的一部分。从一开始，住宅的每一方面都应为此而考量。"玛丽记得在音乐理论课上学到这样一句话："所有艺术形式中，音乐和建筑是最密切相关的。"也许她当时心中正想着这句话。

　　赖特和蔼地回答说："这么说你喜欢音乐。好吧，如果你不喜欢音乐，你就不会喜欢我的建筑。"他答应接下这个项目，并带着几分温情地嘱咐："现在你只需要回到你丈夫身边，照顾好孩子们。他们需要住在一座我设计的房子里。我会把这些东西（玛丽的笔记）带走，我会设计你的房子。"

在那次谈话的某个时刻，玛丽还告诉赖特，他们的预算是 3 万美元。阿弗莱克夫妇已提醒他们，赖特会习惯性地超出预算，并且建议告诉他一个远低于他们实际能够承受的费用。玛丽遵循了这个建议。她和比利都预期最后的费用将要高出很多，事实也确实如此——最后项目的花费总计达 6 万美元。住宅施工的费用和购地的费用同样由玛丽的父母承担。比利记得"他们从来没有对我们去找赖特先生提出任何疑问……他们表示非常支持。"事实上，在玛丽的影响下，她的父母（舒福德夫妇）也对赖特的设计想法和作品展开了自己的研究，收集到的关于他的书籍多到像一座小型图书馆。他们几乎和帕尔默夫妇一样沉浸在这个项目中，无法自拔。

■ 设计住宅

两个月过去了，没有得到赖特的任何消息。帕尔默夫妇联系了家在安娜堡并在塔里埃森当学徒的大卫·斯托弗。他告诉他们，引起赖特先生关注的最好办法就是告诉他，你们将拜访他的庄园塔里埃森，并且顺便看看设计图。玛丽写信给赖特，表示不顾最近的通货膨胀——朝鲜战争刚刚开始——他们计划在 1951 年春天，一旦天气合适时就开始施工。

她提议于 8 月 11 日拜访塔里埃森。赖特的秘书尤金·梅斯林克回复说，11 日和 12 日的预约都已经满了，但 19 日之后都可以。于是玛丽回复他们全家将于 22 日到达，并在信中补充道：

"我们不确定你通常在画初步草图之前希望业主提供多少信息。但是我们的某些需求可能会影响你起草初步方案。我们有很多朋友，喜欢大家聚在一起。我们现在所处的小地方有时候会挤下 50 个或更多的客人。所以我们希望起居空间能容纳这样大的群体。出于对音乐的喜好，我们需要放下一架施坦威三角钢琴、一台内置收音机和一部唱片机的空间。

考虑到适合聚会和家庭需求的烹饪设施，我们需要两个固定在墙内的烤箱等设备，满足全年都能炭火烤制。为此我们甚至考虑在厨房设置一个壁炉——如果你觉得可行的话。鉴于孩子们的年龄越来越大，他们需要足够的娱乐活动空间。所以我们想知道主卧室是否足够大，以便我们可以在卧室里阅读和用餐，如果能容纳书桌和梳妆台的话，那就更好了。我们心中最大的疑虑是——基于我在罗利告诉你的 3 万美元预算，我们目前是否要求得过多。"

8 月 22 日，比利和玛丽带着两个孩子开车前往塔里埃森。他们到达的时候正好赶上共进午餐。餐后赖特说："图纸已经摆在了桌子上，你们可以花半个小时看看。我会回来的。如果有什么建议，我很乐意听听你们的想法。"

尽管他们之前参观的安东尼住宅是以三角形母题设计的，但当他们看到图纸后，还是对"遍布的三角形模块感到十分惊讶"。大量出现的三角形元素让帕尔默夫妇对几乎整个设计方案都感到新奇。他们告诉赖特需要些时间研究消化。比利交给建筑师一张 1500 美元的支票，并询问是否能将图纸带走。赖特同意了，随后帕尔默一家离开，前往北卡罗来纳州探亲。

"手中拿着一套弗兰克·劳埃德·赖特设计的住宅图纸向我的母亲、父亲及其他家庭成员展示，真是令人激动……大家看完就七嘴八舌地问道……没有封闭的餐厅？没有书房？……整座房子看起来太小了。此外，几乎每个人都想知道，我们是否真的愿意与这些三角形一起生活……

回到安娜堡，我们开始认真研究那些初步设计图纸。我带着我们的意见清单、十足的勇气，还有一罐自制果酱，再次前往塔里埃森。我想给他留下一个我喜欢做饭的深刻印象。我当时确实是个好厨师，所以我想要一个能施展厨艺的厨房。"

玛丽向赖特展示了一份逐项列出的愿望清单。她回忆起那次关键性的交流：

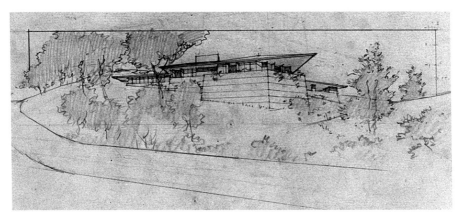

图 2-32 早期方案草图的西南侧外观（尚未整体旋转朝向）

1）我们想扩大厨房（操作空间）。我喜欢烹饪，所以厨房必须要满足我的烹饪需求。然后我送给他一罐果酱。

他回答："还需要扩大多少？"

2）请问，我们是否能有一个地下室，以便我们能把所有的机电设备都放在下面？

他回答："我所有密歇根的业主都想要一个地下室。看来你将来无论如何都可能去建一个——我会为你设计的。"

3）我的丈夫迫切需要一个书房。

他回答："噢，是的，所有教授都需要一个书房。"接下来他补充道："但你必须投入比之前告诉我的预算更多的钱。"（玛丽没有记录她的答复，想必她给了建筑师肯定的答复）

4）墙体材料，我们想用砖而不是图纸中所画的混凝土块。

他静静地听着。

5）最后一个小的顾虑是需要一个"沾泥间"，这样孩子们可以在雨天卸下户外装备。这个区域日后成为食品储藏间。

6）保留到最后的问题，是能否把房子整体逆时针转90°？

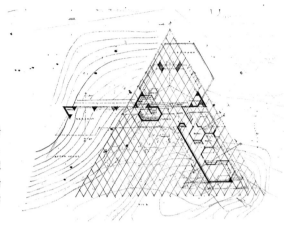

图 2-33 早期方案的平面图，起居室外面的平台朝向南面，还没有添加书房和"沾泥间"，右下角可以看到铅笔轻轻勾画出三角形的书房区域

在赖特第一批草图和早期的深化图纸中，住宅的起居室朝南，从公共道路驶入的车道和住宅入口朝东北。帕尔默夫妇口头上表示，他们提出这个要求的部分原因在于，担心最初车道所在的位置会在冬天积雪，难以清理和开车上坡。从住宅建成后的现状来看，这一理由并不成立，也许赖特也认为它不成立——场地的研究显示，那样修改的结果虽然会缩短车道的长度，但同时必然使车道变陡，并且抬升住宅整体的标高。

比利对于草图中房屋朝向的另一个反对意见在于："将会把起居室设计在地面以上 2.4 米或 3 米的地方（实际是高出 3.6 米）……因此将没有出入口连接起居室和室外。"这一点或许才是帕尔默夫妇真正关心的问题，并且从他们的角度来看，这是完全合理的顾虑。赖特当时很可能仍然坚持己见，因为修改的结果会让起居室（连带外面的平台）远离用地南边的公共道路，失去从路上看到屋顶深远出挑的夸张效果。

无论如何，在后一版的图纸中——一幅精美的渲染透视图和一张用于展示的平面（全部或大部分都是出自赖特之手）——显示增加了一间小书房、位于厨房下方的一个地下室以及扩大后的厨房——但是住宅保持原有朝向，墙体仍使用混凝土砌块，并且没有设计"沾泥间"，所以也就没有现在住宅凸出的"船头"。

玛丽的描述给人某种印象，似乎第二次会面的交流已经把这些问题都解决了。显然，基于帕尔默夫妇的要求所做的更改仍在继续协商。赖特接受了其中的一部分，也拒绝了一部分。

在玛丽的回忆里，赖特经常说"我不认为你会喜欢那样"（她和蔼地补充说"他总是对的"）。比利回忆的版本是，当他们提出建议时，赖特总是说："如果我们那样做，你以后一定不会喜欢的，我来告诉你为什么。"或者是"当然，我们可以改成那样，接下来我们应当这么来做。"

帕尔默夫妇坚持他们的要求，所有这些想法都融入到了实施的设计之中。或许是业主夫妇自始至终的参与，赢得了建筑师的尊重与关注。赖特最终把建筑整体逆时针旋转90°，起居室朝向东面，并且在厨房外侧增加了一间小储藏室（"沾泥间"），入口的台阶旁出现了硬朗的"船头"。这些并不是简单妥协后的折中，而是建筑师凭借纯熟的技法把业主的一个个请求尽量变成增添建筑光彩的特征。

随着冬天的到来，赖特和他的助手们（"学徒会"），从威斯康星州的塔里埃森像候鸟一样前往亚利桑那州的西塔里埃森，当然也带去了帕尔默夫妇的项目，在那里进行最后的图纸设计阶段。当时显然还有某些重要的问题需要解决。否则，玛丽绝不会在密歇根州最寒冷的冬日（1月6日）从安娜堡远赴西塔里埃森，这一趟往返的"汽车旅行"，意味着在没有洲际高速公路的时代驾车近7000公里！解决了这些问题之后，最终的施工图在"一月底"寄达安娜堡。

在进行帕尔默住宅设计的几个月里，赖特需要频繁参与古根海姆博物馆的设计修改和纽约市的建筑许可等问题，其间还常去偏远的城市进行演讲，而当时他已经83岁。尽管赖特仍被主流建筑界忽视，但是他正源源不断地接到设计住宅的请求，并且拒绝了其中的一部分。玛丽和赖特初次见面时，建筑学院院长坎普霍夫纳非常惊诧赖特拒了当地另一些人的请求，却接受了她的委托。

赖特越来越多地将接到的小型项目交给在塔里埃森的学徒们来做，由他的几位得力助手指导。然而，帕尔默夫妇曾多次与赖特本人直接讨论自己的新居——

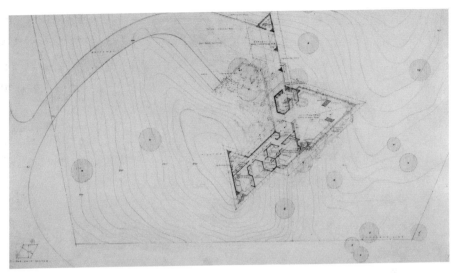

图 2-34 修改之后的细化平面图，已增加地下室和书房，但是没有"沾泥间"（也就是"船头"），建筑的朝向尚未旋转

图 2-35 帕尔默住宅的彩色渲染图，保持原有的朝向，墙体仍使用混凝土砌块

通过电话、书信以及在塔里埃森和西塔里埃森面谈。他们从塔里埃森带到北卡罗来纳州的图纸都是赖特亲手所画，就像此后所有展示设计修改的图纸一样——赖特画风的神韵和他驾驭建筑材料的独特手法都是不容置疑的证据。赖特亲自掌控整个设计过程，塑造了这座住宅非凡的形态和空间特质。

　　值得强调的是，赖特的设计确保了帕尔默住宅持久的使用寿命。据报道，赖特曾声称 1909 年落成的罗比住宅（Robie House）的建筑寿命能持续 700 年——如果能及时进行适当的维护，这完全是有可能的。1902 年建成的赫特利住宅（Heurtley House）的设计，也考虑到了持久的使用寿命。类似的还有赖特早年职业生涯中的许多代表作，例如统一教堂（Unity Temple）、戴纳住宅（Dana House）、马丁住宅（Martin House）和切尼住宅（Cheney House）等。

　　然而，赖特的其他某些代表作品在耐久性方面并不令人称道。许多与上述作品同时代的建筑，例如河上森林高尔夫俱乐部（River Forest Golf Club）、罗斯住宅（Rose House）、格莱斯纳住宅（Glasner House）以及梅拉德夫人的第一座住宅（the First Millard House），都采用水平方向的木板条作为外墙材料，这样很容易让水渗透进来。用木框架和灰泥填充作为外墙的早期住宅作品，例如哈代住宅（Hardy House）、吉尔摩住宅（Gilmore House）、贝克住宅（Baker House）和库恩利住宅（Coonley House）也同样难以抵御风雨。经年日久，每一种材料都发生收缩剥离。1954 年，早期草原风格的罗伯茨住宅（Roberts House，1908 年）当时的业主，请赖特重新设计墙用砖。20 世纪 20 年代在洛杉矶周边建成的混凝土砌块住宅系列，也都存在严重的老化问题。

　　许多"尤松尼亚"住宅（Usonian House）❶——略早于帕尔默住宅的一系列小型住宅作品，都有容易老化的木结构悬挑平台，例如阿弗莱克住宅、皮尤住宅（Pew House）、斯特奇斯住宅（Sturges House）和刘易斯住宅（Lewis House）都是此类典型。许多开敞式车库的悬挑屋顶已经下垂，封檐板变形翘曲。包括上述住宅的许多"尤松尼亚"住宅，都采用复合式木墙板。这些木墙板没有在耐久性方面做细节考量。某些住宅的木墙板从仅高出地面约十几厘米的位置开始，或是直接放置于砖垛之上，从而导致水通过毛细作用渗透到墙体内部。

　　帕尔默住宅则是截然不同的另一种情形。它可以被视为"尤松尼亚"住宅的后期代表作之一，并且是非常独特的杰作。超出屋檐以外的区域并没有易受暴晒

---

❶　赖特从 20 世纪 30 年代末开始采用的一种小型住宅设计风格，业主多为典型美国生活方式的中产阶级。该名字来源于"USONIA"，是赖特对"美利坚合众国"（United States of America）的一种创造性的称呼。

和雨淋的木结构平台。事实上，它根本就没有木质平台。即便是混凝土的室外平台，也都被屋顶遮挡，只有入口处的部分通道除外。所有门窗都由出挑深远的屋檐保护着。所有的外墙，从地面到屋檐下都是用砖砌成，可以耐久达到上千年。住宅中仅有一处夸张的悬挑，是覆盖着起居室外面平台的悬挑屋顶。它由钢结构梁支撑，末端分别延伸到厨房和壁炉的承重墙，形成起居室 Y 字形的屋脊结构。这样的屋顶和悬挑构件永远不会下垂（详见第 3 章的模型照片）。

赖特特意做出一种双重屋顶构造：在屋顶外表的雪松木瓦下面，一层 60 厘米见方的金属板瓦覆盖着整个住宅。坡屋顶的所有檐沟和平屋顶的封檐板都为铜质。钉入木材或镀锌钢板的钉子都注明采用镀锌钢钉；钉进铜质檐沟的钉子也采用铜钉，以避免不同金属材料之间的电解腐蚀作用。

简而言之，帕尔默住宅方方面面的设计不仅是为了别致的形式，也为了其耐久的使用。赖特把比利和玛丽的住宅精心设计成一件珍宝，这也意味着它能长久地保存留传。

第3章　建造住宅

■ 寻找施工方

1935 年，正是经济大萧条最严重的时候，美国极度缺乏低成本住房，同时期的赖特也极度缺乏设计项目。在那一年，他设计了两套住宅，作为小型廉价家庭住宅的首批样板。他为此特意创造了"尤松尼亚"（Usonian）一词。这两座住宅都在设计和建造方式上有所创新，但都没有建成。在接下来的两年中，他又设计了两座类似的住宅并且都建成了，它们是：位于威斯康星州麦迪逊（Madison）的雅各布斯住宅（Jacobs House，1937 年）和加利福尼亚州帕洛阿尔托（Palo Alto）的汉纳住宅（Hanna House，1936 年）。

虽然雅各布斯住宅和汉纳的住宅非常不同，但它们也有许多共同特点。这些特点在赖特后来的绝大多数住宅设计中成为典型模式，它们日后被称为"尤松尼亚住宅"。赖特研究的权威学者威廉·斯托尔（William Storrer）为这一类型建筑给予的定义是：

"具有紧凑型的单层布局，不仅能够以低成本实施，同时能保证精细的施工。大萧条时期需要这种施工廉价的建筑。但是，一旦大萧条和战争结束，它的模式就可以灵活地改用更昂贵的建造材料……主要的活动空间也就是起居室，在设计中占主导地位。次一级的活动空间，特别是像厨房这一类的工作间，被压缩到最小的空间……卧室也被安排在首层而不是常见的二层。"

尤松尼亚住宅的供暖，依靠混凝土地板下方或内部的热水管道系统。这些混凝土地板都是直接浇筑于地面上，附带一个很小的地下室或者根本没有地下室。木制墙体用三层木板叠合而成，少数项目会因建造困难，迫使施工者回归传统的墙体结构。屋顶的类型变化多样，其共同点是屋檐深远的出挑。大多数尤松尼亚住宅在入口一侧有大面积的不透明墙体，同时大量的窗户或法式落地窗开向与入口相反方向（即建筑背面）的庭园。每一座住宅至少有一个壁炉，由坚实的砖石砌成，通常作为整个平面构图的一个焦点。

除了壁炉，几乎所有的尤松尼亚住宅都有额外的或多或少的砌体结构。一小部分被赖特称为"尤松尼亚自动化"（Usonian Automatics）的住宅，基于施工的成本和效率，完全由混凝土砌体组成，连内部隔墙也是如此。尤松尼亚住宅作为一种住宅类型，虽然相对紧凑，但是面积规模也有很大的差异。阿弗莱克住宅、史密斯住宅，还有位于伊利诺伊州的刘易斯住宅（Lewis House，1940年），可以作为这一类型的代表，它们的面积都是约230平方米。

最初建成的两座尤松尼亚住宅，平面运用不同的几何母题。雅各布斯住宅是曲尺形平面；汉纳住宅运用蜂巢似的正六边形模块（可以视为六个等边三角形）。后来的许多尤松尼亚住宅当中，大约有70%延续了雅各布斯住宅的平面母题：矩形网格生成的曲尺形；其余的30%则通过使用等边三角形的变体，传承了汉纳住宅的设计。所有项目中的几何模块——正方形、矩形、三角形或六边形，或是由两个三角形拼合成的菱形，也都用于混凝土地板的分缝。模块或者是网格决定了尤松尼亚住宅结构中所有墙的位置，并且成为可见的图案纹理，出现在统一的红色混凝土地面上。帕尔默住宅是包含等边三角形模块的作品之一，也是尺度较小的尤松尼亚住宅代表之一，室内面积仅有约160平方米。

尤松尼亚住宅在其建造方式中展现出一种清晰而且有序的逻辑，就像从它们更宏观的特点中所体现出的一样。但是这些建造方式与传统的实践几乎没有共通之处。建筑师不同于飞机或汽车设计师，极少有奢侈的机会用缩尺的原型做概念测试。所以尤松尼亚住宅的技术可行性只能通过实际的建造经验逐步成熟。因为严格地讲，没有任何两座建筑是相同的。尤松尼亚住宅属于别具一格的建筑类型，而每一座住宅本身都有独特之处。施工承包商必须以合理的准确度预测建造成本，确保施工成果既合法、安全，又能达到很高的行业水准，因此他们通常对这类标新立异的设计持谨慎态度。

合乎逻辑并不总是意味着施工的可行性——它完全取决于逻辑本身。看上去合乎逻辑的尤松尼亚住宅的混凝土地板就是一个例证。承建商必须在室外，通常是在天气不确定的情况下，于地面的凹坑中浇筑混凝土制作板坯。其边缘轮廓通常由木模板确定。模板由紧绷的绳子对齐，用泥土中的木桩固定。混凝土本身是一种砂子和砾石填充的黏稠液体，对模板会施加相当大的液压。首先进行第一次粗略的浇筑，其表面可能比预计的完成面低 50 毫米左右。待几天的固化之后，进行第二次浇筑。当浇筑完的混凝土还是湿的状态时，必须把它处理成平整的水平面——没有起伏，没有砾石凸出。然后，进行赖特签名式的深红色染色工作，最终要让约 200 平方米的混凝土地板保持表面平整和颜色均匀。

接下来，承建商需要把平面模块的网格刻在地板表面。每条刻线必须是笔直的，保持同样深度和宽度，相邻的刻线保持同样的间距，相交的刻线保持相同的角度。在所有木质墙体的平面正下方，把一条截面 3 毫米厚、75 毫米高的通长钢条垂直地插进混凝土板 50 毫米深（第二次浇筑的厚度），留下约 25 毫米突出在外，与后续安装的木质墙体下端的凹槽完美契合。施工的难度在于，这些操作必须在宽度 7 ~ 8 米的混凝土完成面尚未固化，工人不能在上面走动的情况下完成。

此外，如果承建商不能严格地达到以上工艺要求，他们至少要保证木工和细木工的操作误差不超过允许的范围。因为板坯、网格和突出的钢条都将决定尤松尼亚住宅上部结构的每一个特征。其他施工环节包括墙体和木质结构构件也要求类似精准的工艺，木质构件还会有令人头疼的热胀冷缩问题。

某些承建商勇敢地接下尤松尼亚住宅的施工合同之后，也许会发现自己被这种不寻常的逻辑所吸引，于是，在第一次尝试后会再次尝试。这样一来，有几位承建商便成为建造尤松尼亚住宅的专家。其中最主要的代表是哈罗德·特纳（Harold Turner），他负责建造了汉纳住宅、戈切 - 温克勒住宅（Goetsch-Winkler House，1940 年）、沃尔住宅、阿弗莱克住宅以及至少另外三座尤松尼亚住宅。即使拥有经验和最好的客观环境，这一类型的住宅也很难精确地预先计算出成本，建造起来也比赖特声称或想象的要困难得多。如果完全按照塔里埃森提供的施工图，一些住宅甚至有结构隐患，必须由赖特派驻现场的助手做临时修改。

一个有着非矩形平面的尤松尼亚住宅会给建造者带来更大的挑战，尤其是帕尔默住宅。一开始在场地上画出住宅的定位，涉及大量的锐角和钝角，而不是容易确定的直角关系。以等边三角形为模块的网格起始出现的微小误差就会导致巨大的代价。对于正方形或矩形模块，尺寸误差也会影响后续的工作，但是所有网格的交点仍是两条直线的垂直交叉点，某一处误差只是让许多尺寸误差又多了一个而已。任何建筑的施工都会不同程度地遇到同样的困扰。

然而一个三角形模块或者它形成的网格遭遇的问题截然不同。在图纸上的理想情况下，它的三组直线总是精确地交于一点。但是在施工的真实世界里，存在不可避免的尺寸误差，导致原本是精确交点的位置出现一个或多个微小的三角形，它们都是意料之外并且不受欢迎的。这些形状在上部结构中没有对应的构件，因为所有的墙体都需要与网格对齐同时与某些相交点相接。

除此之外，还附加着其他挑战，即在通行直角关系的施工行业中，三角形是几乎从未遇到的元素。60°和120°的定制木材切割也许还能被施工方所接受，但假设你需要一个镀锌钢水平角撑呢？你可以在任何地方买到90°的，但是却不能买到60°或120°的。除了非矩形尤松尼亚住宅中常见的问题，帕尔默住宅还要面对复杂起伏的坡地所造成的多个地面标高、有两个屋檐高度的坡屋顶，以及形状复杂的镂空砖等更加独特的挑战。

帕尔默夫妇必须找到一个愿意接受这些挑战，并且有足够能力克服这些困难的承建商。

在朋友们的建议下，他们找到了位于安娜堡的施工承包商尼特哈默尔。他身材高大，像西部片的著名演员约翰·韦恩那般深沉，而一旦讲话就很有说服力。比利说他是"我所见过的最沉默寡言的人。"尼特哈默尔在二月中旬与帕尔默夫妇会面，谈话的过程没有录音，他把图纸带回家。尽管他以创新和足智多谋著称，并且日后还提到这是他经手过的最漂亮的一套图纸，但是到手后却立即将它们转交给自己的女婿——首席木匠麦克道尔，告诉他"你来搞明白它们，我做不到，我也不想做"。

帕尔默夫妇对尼特哈默尔产生了某种莫名的好感或兴趣，以至于带他去本顿港参观安东尼住宅。安东尼住宅的平面也涉及三角形，尽管不是那么彻头彻尾。尼特哈默尔在参观时几乎什么也没说，但在返回安娜堡的路上，他滔滔不绝地夸赞："待在那个房子里，难道没有让你们感觉很好吗？我来建你们的房子，不仅如此，它将会是赖特建成住宅中最好的那一个。"

不到一星期，他就把图纸拿到城里的办事员那里注册，并申请建造许可证。在和办事员就赖特的建筑师从业资格号码发生了一些小的争执后，尼特哈默尔和帕尔默夫妇于 1951 年 4 月 11 日拿到了建造许可。

5 月 16 日，赖特在底特律西北部南菲尔德（Southfield）的劳伦斯理工学院（现在的劳伦斯理工大学，Lawrence Technological University）发表演讲。他提前一天到达，与从前的业主史密斯夫妇共进午餐。玛丽·帕尔默和贝蒂·阿弗莱克也在场，并且把尼特哈默尔引见给赖特。后来，尼特哈默尔对赖特的唯一的评论是"他让我想到了林肯"。

尼特哈默尔和帕尔默夫妇于 1951 年 6 月 8 日签订了施工合同。塔里埃森学徒会的约翰·豪——赖特最有经验的助手之一，将作为赖特的现场代表监督施工。

■ 最后的设计决策

施工用到的柏木和砖很早就订购了——柏木需要考虑运输的时间，砖则是施工第一时间就要用到的材料。在佛罗里达州的潮水区生长，并在佛罗里达州加工的红柏木，是尤松尼亚住宅常用的木材，可以很容易地从附近的经销商那里订购。接到订单的经销商会从佛罗里达的加工厂订货。考虑到数量和特殊的尺寸需求，工厂需要从未加工的库存中挑选原料重新切割加工，因此在时间上会有延迟。

在设计阶段用黏土砖取代混凝土砌块或粗糙石块的决定体现在施工图中。条文说明提到的"普通红色"砖是一种色泽、尺寸严格统一的硬面砖，用于包括阿弗莱克住宅、史密斯住宅的大多数尤松尼亚住宅。塔里埃森的学徒戈登·查德威

图 2-36 匡溪艺术学院附设的男生中学的餐厅北立面，可见多种类型的砖

克谈到它用于 1940 年建造的波普住宅："它是我们能以最低价钱获得的一种砖，看上去也不是特别有趣。"事实上，赖特为约翰逊制蜡公司总裁设计的"展翅"住宅也采用这种尺寸和颜色匀质的硬面砖，显然是出于他的个人喜好而不是造价限制。

帕尔默夫妇更想要匡溪艺术学院（Cranbrook Schools and Academy，沙里宁设计）的砖墙所呈现的那种意境。他们去过那里多次，前往阿弗莱克住宅和史密斯住宅的道路就会经过匡溪学校的大门。但是匡溪学校用到多种类型的砖，帕尔默夫妇想要的是仅出现在校园少数几个位置的某一种砖。他们联系了生产那种砖的厂商——位于俄亥俄州的"陶土工艺"（Clay Craft）。帕尔默夫妇自己选择了一种没有光泽的粗面砖，表面颜色有棕褐色到粉色的色差，形状也有微小的不规则。"陶土工艺"给赖特送去样品，赖特非常喜欢。墙角的砖需要定制成 60° 和 120° 角，但是做好模具之后，批量生产转角的砖工序就变得很简单了。

镂空的陶土砖带来更多的问题。1949 年，赖特在设计密歇根州卡拉马祖（Kalamazoo）的麦卡特尼住宅时曾用混凝土砌块进行类似设计，但用黏土来做尚无先例。陶土砖单元体的高度约为 31 厘米，对应五块红砖垒起的高度。长度约 34 厘米，和砖块的长度模度不一致，也没有必要一致，因为镂空砖会成排地连续摆放，它的单元长度只需容纳不规则的几何形洞即可。但这种看上去吸引人的几何形状产生于 30° 角和 60° 角的巧妙组合，制作起来十分困难。

镂空陶土砖内部嵌的玻璃貌似是每块单独安装的，实际上则是一整片长条玻璃，陶土单元只是依次放在玻璃板两侧。因此，每个单元块的厚度只有约 10 厘米，并且没有配筋在相邻两个单元之间加固。生产商"陶土工艺"试图用传统的方法制造这些很薄的单元体，但复杂的开洞形状导致干燥速度不均匀，超过半数的试验品出现破损。玛丽·帕尔默和厂商经理特夫特一同咨询了安娜堡的陶瓷艺术家洛佩兹。他们三人在工厂会面，在洛佩兹的建议下，试着把每块砖用粗麻布包裹以减慢干燥速度。这种方法果然奏效，显著减少了破损率而使生产变得可行。

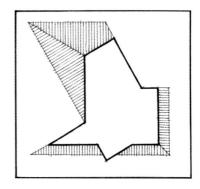

图 2-37　帕尔默住宅施工图中的镂空异形砖立面

六月初，尼特哈默尔、麦克道威尔和豪在场地打下木桩，标记开挖基坑的位置，从而开始了一个与纯正的尤松尼亚住宅截然不同的建造过程。

常规的建筑都建在深埋于地下的基础之上。在发生冰冻的地区（包括美国大部分地区），建筑基础必须深达冬季土壤冰冻层的深度以下，以避免"冻胀"——基础构件垂直方向膨胀产生的破坏，否则每年的冻融循环将反复造成这种破坏。土壤冰冻层的深度，以及必要的基础深度因地区而异，通常在建筑规范中有所规定。在密歇根州东南部，被认定为约 110 厘米。

另一方面，最初的尤松尼亚住宅概念，是设想房子直接建立在无基础的混凝土地板上。在地板的正下方，错综复杂的地暖管道让室内在寒冷的天气里始终保持温暖，也会让周围的土壤保持温暖，防止冰冻。因此楼板没有任何深埋的基础支撑，只是边缘稍微加厚一点。在尤松尼亚住宅有别于常规建造方式和建筑规范的几点特征当中，正是无额外基础的混凝土地板延迟或阻止了一些尤松尼亚住宅的建造许可。尤松尼亚住宅的地板既是防冻设备、供暖系统，又是完工的地面，同时也是上部结构的支撑，所有这些合而为一。

然而，这一理念为设计的其他方面设置了一定的限制。其中一个限制是所有的承重柱和墙必须落在带地暖的混凝土板范围之内。如果一根柱子位于该轮廓以外，例如支撑停车棚屋顶的柱子，就会受到土壤冻胀的影响，所以柱子需要单独的深基础。尤松尼亚住宅的美好理念显然受到了冲击，无法保持理想的完整。如果需要一个停车棚屋顶，并且建筑理念的完整性不能容忍屋顶下面有柱子的话，那么建筑师只能做一件事。在一个接一个的尤松尼亚住宅中，停车棚的屋顶都用到尺寸夸张的悬挑结构。靠近密歇根州东部奥克莫斯（Okemos）的戈奇 - 温克勒住宅是典型的例子。尤松尼亚住宅的悬挑结构大胆张扬，如果建筑要忠实于最初的理念逻辑，这种结构就不可避免。

但是结构悬挑毕竟有它的限度，赖特早年就以将建筑元素从外墙挑出很远而闻名。即使是最早的尤松尼亚住宅之一汉纳住宅，也有三根空心的八边形柱支撑远离室内空间的停车棚屋顶，尽管温暖的加利福尼亚州的气候不存在冻胀的问题亦是如此。赖特的某些建筑平面构图舒展，包括某些墙和种植池的构件已经超出带地热的混凝土板的范围很远，所以到设计帕尔默住宅时，尤松尼亚住宅的设计原则已经或多或少地修改。事实上，为了建造帕尔默住宅，几乎都被重写了。

帕尔默住宅的设计包括一个位于停车棚最北端的操作间，一片低矮的砖墙顺着车道向西延伸。沿着停车棚东侧，半高的砖墙从操作间延伸到住宅，位于这道砖墙上的两根三角形柱子支撑着停车棚屋顶的东侧，第三根独立的柱子支撑着屋顶的西侧。入口处挡土砖墙向西延伸，起居室东侧的室外平台上有砖墙和三角形种植池。所有这些构件都远离带地热的混凝土板。即使在住宅内部，两个砖砌壁炉的下方也难以铺设热水管。所有这些构件都必须建立在传统的深基础之上，以避免冻胀的破坏作用。住宅里的小地下室也需要嵌入地下，因此它的墙就相当于很深的基础。

鉴于如此多的建筑构件都需要常规的基础，沿着整个建筑的周界提供所需的深基础显然是明智之举。为此，施工图的条文说明指出，所有的木质内墙（除了一两处例外）需要与地板上的网格线居中对齐，而所有砖墙都是内表面与网格线对齐，也就是说混凝土地板完全被砖墙包裹，这些砖墙构成了整个建筑的周界。所有砖墙都建在常规的深基础之上。它们的施工将先于混凝土板，尤松尼亚式的地板是浇筑在施工完毕的基础边框中。

■ 建造住宅

六月初,尼特哈默尔、麦克道威尔和豪开始挖掘基坑,然后沿着整个建筑的周界、停车棚的柱子以及外围的挡土墙下方浇筑深基础。这必然是一个漫长的作业过程,考虑到楼梯、小地下室、入口的矮墙、精致复杂并且没有任何直角的建筑外轮廓。在起伏多变的地面上定位平面图上的网格,然后一遍又一遍地检查……有时候某些点的丈量定位产生误差,有时候砌墙的工人发生偏差,或是两者兼有,而这些都是不可避免的。

图 2-38　厨房和"沾泥间"的墙体,照片右上方是就餐区玻璃窗下的砖墙,摄于 1951 年秋天

基坑挖掘于 6 月 19 日开始。所有砖墙、柱子、停车棚和入口附近的矮墙,以及东侧室外平台的位置全都开挖基坑,基坑里铺设钢筋,浇筑混凝土。随后开始砌筑砖墙,但在 12 月因冬季来临而中断。尼特哈默尔利用休工的这几个月,在以后是混凝土地

图 2-39　施工现场,1952 年初的冬季

板的范围内铺了一层碎石床,并在上面铺设上下水管道和平行排布的地暖热水管(间距约 30 厘米)。四月全面恢复施工时,对供暖系统进行了 730 千帕的压力测试,以确保在约 76 千帕的工作压力下不会漏水。与此同时,所有的砖墙都砌筑到完成所需的高度。

下一步不是浇筑楼板。赖特一直想先建造尤松尼亚住宅的屋顶,这样房子就可以在其遮挡下建造。这一构想在早期纯正的尤松尼亚住宅中几乎无法实现。但

是在帕尔默住宅，有了起居室、餐厅和厨房先期完工的砖墙和砖柱，就可以用Y形钢梁支撑起东侧的悬挑屋顶。然后把余下的屋顶木框架固定就位，在木框架上钉护板，再在表面铺防潮纸。屋顶提供了一个有遮蔽的内部空间，施工将不再受到天气的影响。

然后是第一次粗浇混凝土板，几天后，是面层浇筑、抹平、着色和刻线，以及将垂直的小钢片插入面层用于定位和固定木质内墙，这一步将是技巧要求很高的工作。麦克道威尔记得，处理混凝土板的面层是"最艰难的工作……因为它的进深很宽（工人不能踩踏），需要按照网格精确地刻线……我们用到绳子……先完成其他所有工序，然后用绳子在面层刻线，因为不可能使用通常的压槽或刻线工具。在其他住宅的施工中，不会遇到这种三个方向分格线必须相交于一点的情况。

图 2-40　密歇根大学建筑系学生制作的模型（1998 年），展示了屋顶木构架和其他细节

以下是玛丽更详细的叙述：

"施工图的条文说明要求在湿水泥面上喷撒干颜料，再把颜料在水泥里抹平。尼特哈默尔先生从未见过这种工艺，因此我们又一次向阿弗莱克夫妇求助。我们喜欢他们的地板，希望也能实现像他们家里那样美丽的皮革质感。接下来便是试验，得出各种颜色样本的'配方'。我们确定了一个配方。如果把颜料在水泥里抹平，你会看到细微的颜色变化，对我来说，这种变化比把颜料和水泥搅拌均匀更有魅力。采用这种处理方式，实际上颜色只是浮在表面的一层。

参考线已经就位，晒衣绳（很显然就是麦克道威尔所说的'绳子'）被拉紧并且陷进地面很深——绳上放置木板使得绳子能往下沉，并且陷入略微潮湿的水泥中。接下来是对工艺要求非常高的抹平步骤。"

帕尔默住宅的格网尺寸曾有过改动。赖特最早的图纸展示了一个由两个等边三角形背对背形成的菱形，其每边的尺寸约为 135 厘米。但在之后的汇报图纸中显示，三角形从一边中点到另一顶点的高度约为 120 厘米，可知每一边的边长不是 135 厘米，而是约 139 厘米，但这一尺寸并没有标明出来。在设计深化平面图中，再次标明菱形的边长为 135 厘米，而未标注三角形的高度尺寸。然而在施工图中，又标注出 120 厘米的高度，并且为了避免任何可能的歧义，边长的尺寸标注为 139 厘米。

但是在图纸的尺寸标注中，有一处笔迹潦草的涂改——边长的尺寸又回到 135 厘米。更让人困惑的是，麦克道尔记得边长却是 140 厘米。现场测量并不能解释清楚真相，随着场地的标高变化，建成后地板上刻线的三角形边长，出现从 135 厘米到 140 厘米的渐变。

很明显，整个施工过程中有很多现场的自主决定。尽管这个疑团有助于我们理解建造过程中存在的固有挑战，但它不应该降低我们对尼特哈默尔和麦克道尔的尊重。我们有充分的理由相信，他们为追求绝对的精确而付出全力，因为只有

图 2-41 从西面看帕尔默住宅的屋顶木构架

这样做才符合他们自身的利益。由于砌砖过程的尺寸偏差（这在任何项目中都很常见），他们被迫在现场做出某些自主决定。这一项目中非常规的几何外形和密歇根晚秋的天气状况，都放大了这种误差。

能够解决一系列重要的尺寸偏差问题，证明尼特哈默尔富有创造力的头脑名不虚传。他们是如此成功，以至于帕尔默住宅地板的刻线交点处只有极少几个肉眼可辨的微小三角形，而且确实非常小（不幸的是，其中一个在壁炉边的左角处，另一个出现在靠近起居室中心的位置）。

地面和屋顶之间的许多工作进展都比较顺利。但是尤松尼亚住宅的上层构架是一个比其地面更复杂的系统，其打破常规的特征必须被充分理解并妥善执行。赖特可能不是一个完美的工程师，但他仍是一个非凡的人，因为他具有构想出近乎天才的结构创新的能力。尤松尼亚住宅的很多特征尽管很难实现，但在结构方面都是绝妙的。贯穿帕尔默住宅的典型尤松尼亚式木质墙体是这方面绝佳的例证。

这种"三明治"式的内墙由约 16 毫米厚的胶合板作为中间层（铺设电线和管道的位置留空），截面 22 毫米厚、300 毫米宽的木板和截面 16 毫米厚、25 毫米宽的木条用螺丝固定在中间层的两侧。宽度分别为 300 毫米、25 毫米的木板和木条

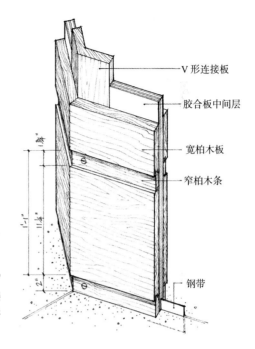

V形连接板

胶合板中间层

宽柏木板

窄柏木条

钢带

图 2-42 帕尔默住宅转角位置的"三明治"
式木墙构造示意图。除了 V 形连接
板，其余构件在施工图中都画出并
有文字标注

沿着竖向交替出现，组成一个宽度 325 毫米的模块。这个模块决定了建筑所有竖向上的尺寸，每一片木板的尺寸都应该尽量准确。

为了保持尺寸的一致性，柏木是最理想的木材。赖特在很久以前就发现这一特点，木匠麦克道尔也很认同："当你切割和刨光柏木板的时候，它不会发生翘曲。"然而这种墙体的总厚度只有将近 60 毫米，这种厚度的墙即使由柏木制成，也几乎没有侧向的刚度。正如建筑学者塞金特所指出的，在亚拉巴马州的罗森鲍姆住宅（Rosenbaum House，1939 年），这种构造的木墙刚安装就位时几乎能够"用手推弯"。尤松尼亚式木墙的抗侧弯强度来源于嵌在地板上的钢板、门框、窗台以及交叉墙体的合力作用。

还有一些看似附属的构件也会加强木墙的稳定性，例如餐具架和书架、桌子，甚至壁炉边长椅的座面。这些构件是为日常生活便利而设计，同时也作为水平横梁，是墙体不可分割的结构部分,对木墙体系的刚度起到必要的强化作用。这意味着它们必须以牢固的构造方式互相连接。例如,先用螺丝和角钢把搁板固定在胶合板中间层,再固定两侧的木板和木条,这样就形成一种既牢固又漂亮的隐蔽连接。木板和木条被设计成从底部自下而上地和胶合板中间层固定,所以搁板不能在墙体完成后再添加,必须作为墙体加工工序的一部分安装。

两道交叉的木墙如果相互加强结构强度,必须在交汇的位置牢固地连接起来。如此薄的木墙,而且用到的都是需要成品保护的木板,转角交接实在不是一件容易的事。帕尔默住宅的图纸没有显示两面墙交汇的转角处构造。汉纳住宅里相似的木墙结构使用内外叠合的两个竖向的 V 形连接板(平面呈 120° 角),其表面和窄木条的表面齐平并与木条榫接。连接板固定住转角处的两道"三明治"木墙,形成整体的结构,克服了难以解决而又至关重要的木墙稳固问题。木板和木条在墙体转角处约 25 毫米的位置切断,连接板露出的竖线条清晰可见。

帕尔默住宅似乎对这一细节作了修改,因为在墙角看不到这种竖线条。汉纳住宅中显露在木墙转角的两个连接板,在帕尔默住宅中被位于两层柏木板之间的一个连接板所替代,在完工后受到遮盖而不可见,从而降低了对施工的要求。这种结构同样足够稳固,连接板可以用螺丝或胶固定,并且连接板的需求数量会减少一半。在没有图纸或书面记录的情况下,示意图中的构造是基于观察建成后的墙体而绘制的。

必须指出的是,精美的尤松尼亚住宅木墙系统也有缺陷,其中最明显的是,如此薄的墙体与标准的接线盒、双插座和开关不匹配。帕尔默住宅的施工图条文中标明,这些电气构件的盖板都应与墙面齐平,意味着整个住宅必须用到特殊的薄电气盒,使得电线的排布十分困难。即使这种只有 40 多毫米厚的特殊零件,也必须预先在一侧的柏木板上挖出凹槽,才能塞进木墙里。

随着施工过程的推进,尤松尼亚住宅会把诸如此类问题暴露给它的建造者。选择和安装电气盒是显而易见的问题。此外,在与搁架、门框和交叉的墙相互固定之前,木墙很容易弯曲。敏锐的建造者很快就能将这些特征和状况转化为对建造原理的理解。麦克道尔就是这样一位建造者。他能够理解这种新奇事物背后的逻辑："它并不复杂。它不同于常规的程度足以让大多数人感到害怕，但是它并不复杂。我很享受这个过程。我从来没有忘记我有多么享受建造这个住宅的过程。"

据我们所知，除了以上这些难点，整个施工过程只剩下另一个障碍，并且与木墙无关。"起居室—用餐空间"的顶棚由三个斜面攒尖组成，材料是与墙面相同宽度"300毫米+25毫米"的柏木板和木条。由于顶棚是倾斜的，而木板平行于三角形的边长布置，因此难以在平面图上准确地画出其宽度尺寸。实际施工中，这一金字塔形的柏木顶棚的安装完全依赖于屋顶结构框架就位之后的实际尺寸。考虑到顶棚复杂的几何形状，精确的测量框架尺寸只能是一种天真的期望。

每一次切割柏木板条（共108次，如果没有失误的话）都是所谓"复合斜切"——倾斜放置的木板有20多毫米的厚度，切口的平面和木板自身的长宽高平面之间，全都不是直角。这本身就是对测量准确度的又一项挑战。顶棚斜面的三道交缝由25毫米宽的柏木条填充。玛丽描述了麦克道威尔如何解决这一难题：

"他突然想到，如果施工顺序是从顶棚顶端放置最短的木板开始，稍有误差，就会不断积累，造成三个斜面底部的木板出现更大的误差。他的解决方案是在三个斜面的中间位置先安装一圈木板。从中间这一圈木板开始，分别向上和向下安装剩余的木板，就能把任何程度的误差都减少一半。"

在女儿玛丽的房间里，麦克道威尔超水准地发挥——顶棚不同斜面的交缝，无需木条填充就完美地拼合在一起。

由于屋顶的坡度很缓，为了防止漏雨，顶棚上方的屋顶先覆盖一层60厘米见方的金属板，其外侧再铺质地最好的雪松木瓦，木瓦的重叠搭接宽度为13厘米。

最终，帕尔默一家对整个施工过程非常满意，尤其是对于麦克道威尔的技术：

"保罗迷上了柏木的纹理和颜色，它给了他探索这种木材奇妙本性的机会。而它外在的魅力留在了我们的房子里，在那里人们可以观察到柏木板精致的搭配和排布。他说自己从未依照这样一套精彩的图纸施工过。它们

图 2-43 帕尔默住宅北立面，右侧可见楼梯间和停车棚

激发了他精湛的技术水平。在施工过程中曾考虑过增加木工的人数，但保罗否决了这一提议，理由是其他木匠可能不会像他那样小心翼翼、一丝不苟地按照图纸建造。

最后几个月的施工几乎没有留下文字记录，那时应该是安装所有的窗玻璃、门、橱柜以及附属五金配件；加工和安装漂亮的不锈钢厨房柜台（肯定是一件棘手的事情）；安装及测试电气和上下水系统，安装天窗及铜质射灯；在所有木材表面刷清漆。最后，所有的砖墙泛碱处都要清理干净，把土壤沿外墙回填，将压碎的砖铺在车道上。这些工作想必进行得颇为顺利，正如整个项目达到的那种卓越程度。"

在赖特的得力助手约翰·豪的指导下，麦克道威尔一丝不苟地推进着施工，玛丽和比利热情且颇有分寸地跟进项目的每一个阶段。与赖特设计的其他项目相比，帕尔默住宅的施工几乎不需要他的介入。尽管如此，他始终密切关注着整个过程。1952 年 5 月 20 日，他在一封信中用其特有的口吻写道："亲爱的帕尔默夫人：关于施工的问题，除了我以外，没有人能当场做决定。"

1952 年 12 月 16 日，帕尔默一家搬进了新居。此后，它将在他们以及许多其他人的生活中，成为一种积极的、热情的象征，就像在它的设计和建造过程中那样。尽管存在些许缺憾，但玛丽觉得微不足道，她的评价很简单："这是一座有生命的建筑。"

第4章 装饰住宅

七年来，帕尔默一家始终住在"非常舒适的房子里，没有什么特别高贵之处，但很适合居住。一些古玩配饰是我们购买的，也是我们所喜爱的和收藏的……我们有一些非比寻常的松木物件……一张小厨桌、一个吊角柜，那张漂亮的东方地毯以前是放在比利家的"。他们把一些这样的东西搬到了新房子里，所以会有明显的不协调。玛丽说那张古老的餐桌"用着不太舒服"；这一形容词肯定还适用于其他一些物品。

"整个家具的关键问题，是我们从格迪斯大街买来的床垫。把它放在主卧室里，再没有什么比看到六边形的房间里的长方形床垫更让人痛苦的了。我们失去了所有的空间。它看上去是那么不协调，令人尴尬。如果赖特先生在场，他应该会说：'孩子们，有些东西不对劲儿。'所以我们深信，是它使我们意识到应该完成自己的家具计划了。"

新居里的某些家具，例如壁炉边的座椅、碗碟架和书架、卧室的书桌，还有大量定制的柜子，它们都是建筑施工的一部分。住宅的施工图也画出了餐桌、六边形"箱型床架"和对应形状的海绵床垫。此外，还用不加纹理的纯色画出了所有主要房间满铺的地毯平面图。赖特还为床头柜、日常用桌和咖啡桌、餐椅、坐墩及其垫子绘制了额外的图纸。帕尔默夫妇卖掉了几件心爱的古玩，把剩下的都送给亲友，然后开始了自己的"家具计划"。

密歇根州普利茅斯市的家具木匠赖夫制作了桌子和坐墩。在安娜堡的德国家具木匠们制作了其他物件。麦克道尔制作了箱型床架。非常遗憾的是，没有记录床垫的制造者们。卧室里满铺的地毯没有依照设计实现，帕尔默一家就生活在上了蜡的红色混凝土地板上，只有几处铺了地毯。对于瓷器餐具，赖特推荐英国著名品牌"斯波德"（Spode）的"印度树"（India Tree）图案系列。玛丽照此购买，到现在仍会在特别的场合拿出来使用。

施坦威钢琴就像赖特在图纸上所画的那样，摆放在壁炉左侧一排法式落地窗前。

在住宅建成后的最初几年里，帕尔默夫妇曾有几次从成品公司添置饰物。1955年，纽约的舒马赫公司（Schumacher Company）开始依照赖特的设计生产一系列织物。截止到1959年，该公司声称已经生产了258种不同的单品（具有讽刺意味的是，这一系列由家装公司销售，而赖特一生中绝大部分时间都以"低劣的亵渎者"贬斥这些公司）。舒马赫公司的产品种类繁多，无论如何这座住宅只需要少量的几幅窗帘。帕尔默一家根据自己的喜好挑选了布料作为床单、桌巾和餐椅套。过去的几十年，证明他们的挑选新颖而又得体，始终保持着惊人的优雅。

同样是1955年，在玛丽的家乡北卡罗来纳州，知名的家具生产商"亨瑞顿"（Heritage-Henredon）向他们推荐了一系列赖特参与设计的量产家具，包括餐桌椅、餐具柜、床架、抽屉柜、一张日用小圆桌、一张带有六个三角形矮凳的大六边形咖啡桌。所有的家具都是棱角分明的简洁设计风格，有深色的天然红木贴面。它们唯一显著的特征，是在突出的斜面边缘有一圈约25毫米宽的赖特式浮雕装饰纹样。然而，矩形的家具不适合帕尔默住宅的几何形状，这种浮雕式线脚装饰在住宅简单的细节中也找不到呼应的元素。而那张六边形的咖啡桌，对于壁炉边的区域来说实在是太大了。

当然，赖特的确为帕尔默一家定制设计了适合这座住宅的"亨瑞顿"家具，并且他们已经请工匠制造出来了。他们还为起居室和卧室买了几把由邓巴公司（Dunbar Company）制造的简单而舒适的扶手椅。这家公司当时生产了一些非常漂亮的现代风格家具。当赖特某次来访看到那几把椅子的时候说道："帕尔默，那把椅子不错，是我设计的吗？"比利承认他们是从邓巴公司购买的。赖特对此的答复是："他们可能是从我这儿偷的设计。"

此后的许多年里，帕尔默一家增添的家具并不多。他们基于自身喜好买了很多艺术品，例如花瓶、盘子、玻璃、陶器等，摆放在壁炉上，还把一些日本的木版画摆在木架上。他们建起一个令人羡慕的图书馆，里面收藏了他们共同或是各自喜好的书籍。住宅走廊里开放式的书架让这些书得以尽情地自我展示，它们本身就是优雅独特的装饰品。20 世纪 80 年代末，他们买来 10 多张上等的羊皮，随意地散铺在起居室地板上。屋里的各处，总是摆放着采自窗外庭园的鲜嫩和干枯的植物。

1999 年，原有地板下的供热系统有三分之二出现故障。玛丽无法接受用电钻撬开精美而又亲切的混凝土地板，况且这样做也不切实际。承包商尼特哈默尔的侄子布鲁斯、密歇根大学建筑学院院长凯尔博、供热专家科洛内、曾在塔里埃森学习的密歇根州建筑师布林克，与每一步都竭力亲为的玛丽一起，设计并安装了一套全新的翅片管（Fin-Tube）热水供暖系统，并将其几乎完全隐藏在家具、装饰物和床下面。

这套系统改变了住宅的供热特征，形成一种对原有地暖设计直白的批判：当新系统正常运转后，玛丽说她第一次真正感受到十足的温暖。但是也正因为这项改变，地面突然变得不再那么暖和，因此卧室和卧室走廊添置了一些设计很简单的地毯。

玛丽对邓巴公司设计的扶手椅一直都不甚满意。在建筑师布林克的建议下，起居室里替换了四把由赖特设计并特意为帕尔默住宅制作的"折纸椅"。❶ 它们摆放在炉边座椅和施坦威钢琴之间。赖特毕生设计了许多家具，有时也会抱怨自己的作品，特别是一些座椅的设计。它们通常都不太舒服，而有的甚至存在安全隐患。玛丽总是忠告初次到访的客人餐厅的座椅很容易倾倒。但是那几把"折纸椅"坐上去很舒适也很牢固（或者说相对牢固），尤其它们的斜角折叠形状，看起来似乎就是为帕尔默住宅特意设计的。

玛丽起初还专门为他们的多边形床定制床上用品，但后来她只是把普通的床单塞到床垫底下，并在六个角折上 45° 角折痕。

---

❶ "折纸椅"（Origami Chair）是 20 世纪 40 年代末赖特专为西塔里埃森设计的扶手椅，抽象地模仿传统的日本折纸。

图 2-44　玛丽在弹奏施坦
威钢琴（拍摄于
1988 年）

　　尽管朝向会不时地改变，施坦威钢琴始终摆放在其原有的位置。如果请玛丽
弹奏，她通常会以《祝福此屋》❶作为开场曲。

---

❶　《祝福此屋》（Bless This House），发表于 1927 年的一首著名的英文歌。

第5章 庭园

　　帕尔默夫妇一直酷爱园艺。早在他们租房子住的时候，就悉心打理着一片小庭园。后来他们买下第一座住宅，就投入很多精力料理自己的庭园。他们的女儿玛丽回忆，她父亲"花费许多时间在庭园里，他热爱泥土，爱每一株花草和每一棵树。"英格里斯女士帮助和启发了他们的园艺生活。据玛丽讲："英格里斯的英国传统风格的庭园在整个州都很有名气。她在自家温室里培育出密歇根州非常稀罕的锦熟黄杨。她送给我们两株当作我们的'园艺起步'，比利种在房子东侧的庭园里。每到季节更替的时候，我们都会去参观她的庭园。"

　　当帕尔默夫妇买下两块相邻的坡地准备建造新家时，他们对于土壤和植物已经颇有了解。毫无疑问，园艺将继续成为他们生活的核心内容之一。甚至在想象出建筑的模样之前，他们已经在地块里种下特意买的松树幼苗，让原有的果树林日后更加繁茂多姿。他们在1952年12月搬进刚落成的新居，在地处北方的密歇根州这是个不适合园艺的季节。第二年的春天，他们就开始了园艺工程。他们雇了一位专业的景观设计师重新塑造坡地的形状。三天的施工、交谈和修改之后，他们对于坡地的形态及其与住宅的关系并不满意。

　　"我们给设计师看一幅复刻版的浮世绘，那是铃木春信❶的美人图，是我们婚后第一年购买的收藏品。我们的要求是，斜坡的形态能否某种程度地模仿画面上美人的长袍？他照此做了修整，还在入口旁的草坡栽种了火棘、铺地柏、红豆杉和小蔓长春花，一直生长到今天。"

---

❶ 铃木春信（1725 ~ 1770 年），日本著名的浮世绘画家，以美人图著称。

图 2-45　庭园边界的两片草地，右侧是台阶和小径

　　然而，帕尔默夫妇乐于自己亲手承担绝大多数的园艺劳作。"我们没有财力，按照景观方案一次性地建成占地约 6000 平方米的庭园"。搬进新居的头两个夏天，他们料理地块原有的树木，同时栽种一些自己喜欢的新品种。他们希望再买下东侧约 2000 平方米的土地，1955 年如愿以偿。然后，他们立刻联系赖特，请他设计了庭园矮墙和种植池（1990 年才在本地建筑师布林克的指导下建成）。比利在 1955 年秋天享受学术休假 ❶，他利用这段空闲清理新购荒地里的杂草。为了让表层土更加肥沃，他特意请安娜堡城里清扫落叶的工人们把落叶倾倒在他家的地块边慢慢积肥。英格里斯夫人送来一些从加利福尼亚州引进的蚯蚓，帮助疏松土壤。

　　1957 年，赖特回访他的作品，看到庭园后他鼓励帕尔默夫妇，继续"多做些

---

❶　学术休假（Sabbatical），美国大学的全职教授通常每任教五年，能够享受半年至一整年的带薪假期。

图 2-46　茶室西侧的小径，自南向北看

我们正在做的事"。

"那么，什么是我们正在做的事呢？我们已经种下一些地被植物：卫矛、富贵草和小蔓长春花都是英格里斯夫人在自家庭园里大量种植的。她的庭园精致却充满野趣，是我们模仿的对象。我们的地界里原有的树种包括橡树、山核桃树、核桃树和白松，树下有成片的玉竹和三叶天南星，我们补种了血根草、延龄草、地钱、雪花莲和多种蕨类植物。"

"我们会请懂得园艺的朋友们过来一起做现场设计，这种方式对我们很有帮助。我们一直按照自己的精力和资金允许的进度，在这片小天地里不断地尝试各种可能性。"

玛丽的朋友梅·布朗也有令她羡慕的优美庭园，玛丽向她请教如何实现那种"效果"，得到的答案是："你必须先想清楚自己希望实现什么效果。"这句话让玛丽茅塞顿开，她承认他们夫妇还没有清晰的预期效果，更不用说如何实现了。于是他们开始认真地学习园艺，在几位朋友的影响下关注日本风格的园艺，进一步研究日本的文化。夫妇两人一起阅读能收集到的所有关于日本文化的书籍：浮世绘、能剧、音乐和园林。玛丽甚至在密歇根大学选修日语课。1962 年秋天至 1963 年春天，是比利的第二次学术休假。他们借此环游世界，在日本停留了 10 个星期，而其中四个星期都在京都。

"在京都，我们每天都去参观一座著名的庭园。出发之前，我们已经读过几本专门介绍日本园林的书，对这些庭园已经有所了解。我们在日本的庭园里摸索着，虽然没有明确的目的，但是我们能够理解正在体验的美景。"

"我们真诚地相信，日本的造园家把自己的灵魂注入他们创造的庭园。学习这

图 2-47　从庭园的坡地低处仰望住宅

种创造的过程不亚于朝圣。我们终于迈出了第一步。那时候，我们已经对自家地界里的每一寸土地都很熟悉，我们明确了要建一片能不断更新的庭园，让它呼应来自外界的各种灵感。"

　　更新的第一项行动源自一位来访朋友提出的建议："你们瞧，这座庭园里没有能坐下来休息、赏景的地方。"帕尔默夫妇决定加建一座茶室，类似于他们在京都的庭园里看到的那种小亭子。赖特已经于 1959 年去世，他们求助于熟悉这座住宅的约翰·豪，他能够精妙地演绎赖特的手法。帕尔默夫妇回忆起约翰·豪对他们描述设计的思路：

　　"你们的小茶室会像住宅一样，引来窗外庭园的美景。我会沿用住宅的等边三角形母题，使用同样的红砖、红色混凝土地板。会有一条小径通向茶室，另一条小径从那里出发进入树林。在你们眼中，它就像日本茶室一样有魅力，只不过它是属于你们的。"

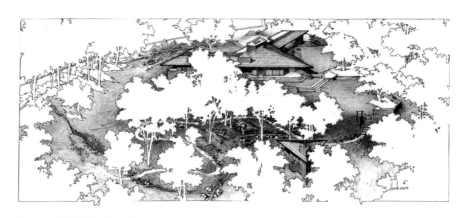

图 2-48 从东面俯瞰帕尔默住宅

　　走下住宅起居室外面的平台，穿过东侧平坦的草地，茶室像一个小的惊喜出现在树丛后面。非常窄的茶室入口强化了在林间隐居的气质。室内通透的落地玻璃窗可以滑动拉开，窗外蕨类和卫矛似乎触手可及。三棵高大的山核桃树交汇的树冠就像屋檐一样向前延展。

　　沿着茶室外的园路向西，走过架在干涸小溪上的木桥，不远处一盏 18 世纪的日本石灯古意盎然。这一片地势平缓，在早春和晚秋树叶稀少的季节从很远处就能看到帕尔默住宅的屋顶。连续回转的园路引你蜿蜒向下，枫树和樱树点缀在路旁。庭园的这一部分精巧宜人，尤其在夏季，茂密的树叶和葱绿的灌木相互映衬。

　　再次穿过小溪的河床，面前开阔的草地上洒满明亮的阳光。你很快就不再理会园路，开始随意地在树林间漫步，走过几棵高大的山核桃树、核桃树和白松树，几株紫荆随着微风摇摆，荚莲、百合、地锦和卫矛几乎覆盖了树下的草地。从这里可以折返走回茶室，也可以跟随一条红豆杉、蕨类和绣球花簇拥着的小径爬上坡地。登上坡顶，一株樱树和一株日本棣木在小径两侧如同景框。这时宁静的果园山出现在左侧的低处，你所熟悉的住宅就在右边，屋檐漂浮在你脚踝的高度。

　　这片庭园如今仍像过去几十年那样生长变化。近年来栽种了黄水仙，旱金莲已经爬满东侧草地的矮墙。女儿玛丽回忆起母亲和父亲完美的合作："母亲具有艺

图 2-49 比利书房外的小径

术家的眼光，父亲是一位很能干的园艺师。他亲自播种、修剪、浇水、施肥"。英格里斯夫人和其他爱好园艺的朋友们不断地提供建议、扦插的枝条和肥料，帮助帕尔默的庭园成长。

　　当然，无论灵感来自何方，帕尔默家的庭园并不属于日本，而属于美国北方将近 8000 平方米的坡地，属于密歇根州东南部的小城安娜堡。庭园怀抱着的建筑是一座美国家庭的住宅，而不是日本的寺庙。这片庭园的设计者们尽管熟悉和热爱日本京都的名园，但是他们的出发点始终是自己身处的气候、植被环境和地形，正如所有出色的园艺师那样。

图 2-50　草坡是庭园自然形成的边界

第6章 住宅、庭园与家庭生活

帕尔默夫妇很谨慎地选择了建筑师。他们期望建筑师能"设计一座住宅，让无穷丰富的音乐融为它的一部分"，并且自信地和他交流，向他提出挑战。他们同样谨慎地选择承建商，沉着地应对施工中的各种困难和造价的攀升。他们的亲友——比利的弟弟卡洛斯、玛丽的父母、邻居英格里斯女士参与了住宅设计和施工的整个过程。他们因此结识了新朋友——阿弗莱克夫妇、史密斯夫妇、尼特哈默尔和麦克道尔、赖特和他的助手豪。帕尔默夫妇难以想象，还有什么事能带给他们比建造新居更多的乐趣。

问题在于，他们将在这里生活数十年，他们日后的感受如何？他们的孩子的感受如何？他们孩子的孩子呢？

搬进新居的时候，儿子阿德里安 12 岁。他很自豪地向朋友们介绍新家，邀请他们来家里，欣赏他们羡慕的表情。他有时候也感到某种威胁，"就像家里刚出生一个弟弟，你怀疑自己在家里以后不再像从前那样重要。"阿德里安的卧室是三间卧室中最小的。房间虽然满足不了他随便乱堆东西、做各种手工的梦想，但是给了他不同的补偿。他喜欢房间里温馨的感觉，就像一个"安全的山洞"，他喜欢早晨和黄昏窗外柔和的阳光。每当白雪覆盖着树枝，"穿着袜子在暖和的地板上走来走去很舒服。尤其在暴风雪的时候，外面白雪纷飞，我们在屋里觉得又温暖又激动。"

图 2-51 比利和玛丽夫妇坐在起居室北侧的砖柱前。右侧透过玻璃门可见平台上的长椅

宽敞的起居室非常适合朋友们欢聚。阿德里安回忆起，他曾在电影《天上人间》（Carousel，1956年）扮演一个小角色。拍摄结束后，他邀请整个剧组来家里做客。50多人围坐在起居室的地板上，几个人笑着说屁股被烤得热乎乎。阿德里安和他的新娘就在起居室外的平台上举行婚礼。如今他们有自己的家庭，居住在另一个截然不同的城市的截然不同的住宅里。果园山路的老宅在他脑海里始终是那么清晰和亲切。"我从未认真考虑过搬回那里生活，但是我时常想回到那里，躺在起居室的地板上，听着音乐，回忆往事。"

搬进新居的时候，女儿玛丽10岁。她的卧室比哥哥的明显大一些，她同样喜欢房间里安全、温馨的感受。房间里有一架立式小钢琴，谁也听不到她独自在房间里练琴。她注意到自己的家和其他人的家比起来实在是与众不同，甚至很担心朋友们不能像她一样尊敬这座房子。

"我知道这座房子里几乎所有东西都是精心定制的，不能从外面买到替换品。从小我就必须格外注意爱护家里的一切，其他人对家里的要求恐怕不会有这么严格。没有能乱塞杂物的地下室，每个角落都非常漂亮。我们不能像很多人那样在家里随随便便，换来的补偿是我们享受一种很独特的生活。"

搬进新家之后，住宅和庭园的关系也和她以前的感受大不相同。

"在我们家以前住的房子，花园摆在外面，屋里完全是人造的环境，有很多石膏线脚的墙壁。虽然你透过玻璃能看到花园，但是总感觉室内和室内截然分开了。搬进赖特设计的房子里，你会发现四周的柏木板似乎有生命活力，把室内和室外联系起来。"

和哥哥一样，玛丽也记得亲友聚会的时候，家里就像一座舞台。"我就在这座舞台上长大，它时刻显露着我父母的价值观。成年之后，我才意识到这些价值观塑造了我的生活。每天傍晚，我们四人围坐在餐桌旁吃晚饭。每年刚刚入冬，壁炉里就会燃起炉火。我记得在起居室里听着摇滚乐跳舞。夏天在起居室外面的平台上跳舞"。她和阿德里安一样，也在那片平台上举行婚礼。随着年龄的增长，玛丽对赖特的了解越来越多。她多次去阿弗莱克夫妇家拜访，在威斯康星大学读书的时候，她参观了附近几座赖特的作品，后来还去过流水别墅。或许是基于个人的感情，在参观过赖特的很多住宅之后，玛丽仍认为陪伴她长大的这座建筑是赖特作品中独特的杰作。人到中年的玛丽有深切的感悟："很多人没有机会体验艺术品一样的建筑，更不必说生活在艺术品一样的环境里。我始终觉得非常幸运，拥有那些年珍贵的体验。"

至于帕尔默夫妇，他们对于这座建筑的感情并非总能引起共鸣。夫人玛丽回忆道：

> "某次聚会中，一位朋友走过来对我说：'玛丽，我听说你的厨房根本没有窗户'。我告诉她：'哦，实际上有40个小窗户和一个天窗'。这个例子说明，很多人看重自家住宅的哪些地方。"

朋友当中也少不了这种经典的评价："真是个有趣的房子，但是我不愿意住在里面。"

帕尔默夫妇亲密的朋友圈子里，几乎一致地赞赏他们的成果，包括英格里斯夫人（虽然她自己的住宅是典型的仿古风格）、玛丽的朋友梅·布朗和几位密歇根大学音乐学院的教师朋友。

在施工期间，赖特从未来过现场。直到1954年5月26日，结束了在底特律的一次演讲之后，赖特第一次走进帕尔默住宅，和主人夫妇共度晚间时光。早在设计这座住宅的时候，他就开始风趣地把女主人玛丽称作"妹妹"。看过自己的作品，赖特对玛丽说：

> "妹妹，我为你设计了一个精彩的厨房，是吗？"

"当然，但那也是我提醒你的结果呀。"

主人请来著名的斯坦利四重奏（Stanley Quartet），这个乐队当天恰好在密歇根大学演奏。玛丽的朋友吉尔伯特·罗斯是乐队的第一小提琴手，而赖特多年前就认识罗斯的父亲。当演奏完海顿的某一首四重奏的第一乐章时，赖特对声响效果表示不满。他指出四位演奏家应当坐在两根砖柱之间。事实证明，照此布局的声响效果的确明显改善，砖柱和玻璃门坚硬的表面，以及木质顶棚产生更加饱满、更有层次的反射声，道理就像我们在狭小的玻璃淋浴里唱歌，总是出奇的美妙。

演奏第二首四重奏（贝多芬的作品）的时候，不再需要挪动椅子。赖特告诉玛丽，以后应当总是请演奏家坐在两根砖柱之间。他承诺为玛丽设计一个乐谱架，并且兑现了诺言。

1957 年 10 月，已经整整 90 岁的赖特再次来到安娜堡，在密歇根大学建筑系对学生们（他要求教师全都回避）发表演讲。当晚就住在帕尔默住宅，并在那里接受底特律电台的采访。

帕尔默夫妇积极地组织专业音乐家们活动，时常在家里举办小型音乐会。许多音乐团体、密歇根大学以及全美国各地大学的音乐教师都在这里留下琴声或歌声。每一年，帕尔默住宅里都举办有大约 20 个家庭参加的圣诞歌会，玛丽特意购买了一套音域两个八度的威尔士铃铛，与钢琴一起伴奏。起居室里迎来许多音乐家、大学同事、访问学者和亲友们，聚会和演出接连不断。女儿玛丽记得，她在家里的两次聚会上分别见过女歌唱家荷恩（Lena Horne）和斯塔德（Frederica von Stade）。

1970 年前后，受到比利的一位来自印度的教师同事的影响，女主人玛丽开始向一位建筑师朋友学习瑜伽。不久她们开始一起教授瑜伽课。她们读了很多介绍瑜伽的书籍，包括瑜伽大师艾扬格的著作《瑜伽之光》（著名小提琴家梅纽因 ❶ 特意为这本书撰写前言）。梅纽因访问密歇根大学的时候，玛丽带着一本《瑜伽之光》

---

❶ 梅纽因（Yehudi Menuhin，1916 ~ 1999 年），著名的小提琴演奏家。

图 2-52 庭园和起居室外的平台

参加大学音乐协会主席在家里举办的欢迎会。她告诉梅纽因，自己希望去印度跟随艾扬格 ❶ 学习瑜伽，梅纽因很高兴地鼓励她。

比利的又一次学术假期，玛丽带着梅纽因的推荐信来到印度西部的蒲那，开始真正痴迷地投入瑜伽。女儿玛丽继承了她的这项痴迷，日后在纽约市做专业的瑜伽教练。女主人玛丽在自己家里组织瑜伽活动，她积极促成了艾扬格访问安娜堡，艾扬格在安娜堡逗留期间就住在帕尔默家里。玛丽还和某些朋友一起协助在印度创立艾扬格学院。她与梅纽因成为好朋友，这位小提琴家多次来家里做客。玛丽回忆道："他喜欢坐在红色的地板上，我们把白色的桌布铺在地上，摆起杯子喝茶"。某一次，梅纽因的妹妹——钢琴家赫夫奇芭来到安娜堡举办独奏音乐会。在正式登场之前，她在帕尔默家的施坦威钢琴上完整地预演了全部曲目。

帕尔默夫妇没有把赖特的作品当作幽静的博物馆，而是把它变成舞台，尽可能地散发活力。他们的孙女薇薇安（阿德里安的女儿）深情地回忆道：

"我从小就喜欢这座住宅。我最美好的童年记忆就在这里。我记得和祖父在起居室里玩牌，透过一排落地玻璃窗看着外面的庭园。在我小时候，这座建筑就像一座游乐园，每一个房间都藏着惊喜，每一个角落都有新鲜的发现。一切都很别致，很有趣，不落俗套。这一点深刻地影响了我观察世界的习惯。它时刻提醒我：你完全可以不遵从整齐划一的世俗戒律。这正是生活的真谛，我爱这座建筑。

它有许多独特之处，平缓的屋檐依靠着山坡，红色的地板让人很想在上面跳舞，还有不同角度的墙、新颖的家具，整座房子都那么活泼。它是我心目中最美丽的地方之一，吸引着我不只是节日，而是在平日也总想去看望祖父和祖母。我们在庭园里玩，在屋里捉迷藏，在屋外的平台上一边看鸟一边吃午饭，早晨的阳光透过玻璃窗和那些形状奇怪的洞口，这时候美妙的音乐响起。我自己对古典音乐的热爱就是从那里开始的。我知道，

---

❶ 艾扬格（Iyengar，1918～2014年），印度著名的瑜伽大师。小提琴家梅纽因曾追随他练习瑜伽。

图 2-53　起居室里的施坦威钢琴。女主人玛丽坐在室外的平台上，拍摄于 1988 年

如果没有祖父和祖母超乎寻常的付出，这座建筑就不会诞生。"

　　阿德里安似乎真正理解这座建筑在父母心中的地位：

　　"建造这座住宅的过程：从最初的打算、与赖特先生的讨论、施工到入住后的改变、加建——这些繁重的工作就像自己建造树屋、小木棚，正是几乎所有孩子最喜欢的游戏。我父母也曾经是孩子。我很高兴，他们始终没有丢掉那些梦想，他们通过自己的努力，让平常的生活也散发着魔术的魅力。"

　　女儿玛丽认为，这座建筑已经完全融入她父母的生命：

　　"我父亲生活的核心是自然界的各种生命，而我母亲生活的核心是完美的艺术。正是我母亲的眼界和决心，让我们拥有这座建筑。当初选择建筑师的时候，我母亲坚持在本地以外的范围寻找。在日常生活中，她总是向我们强调'视觉秩序'，每一样物品的摆放都赏心悦目。她经常带我们去听音乐会，上钢琴课和声乐课，送我去法国参加夏令营，教会我们对于品质的鉴赏。她心目中的美和秩序推动她追求完美的品质。在这座建筑里，她实现了自己人生的意义。"

第7章　赏析帕尔默住宅

■ 实用与得体

　　无论建筑师利用一座住宅体现怎样的艺术理想或社会观念，他都应当同时满足业主的生活需求，因为那是建造一座住宅最根本的原因。在赖特设计的数量众多的尤松尼亚住宅当中，从居住实用性的角度衡量，他的发挥水准并不稳定。面积约为200平方米的帕尔默住宅，近乎完美地承载了业主一家数十年的日常生活，足以成为形式与功能均衡的教科书。

　　入口处坚实的砖墙只有镂空砖的孔洞，而没有较大的窗子，得体地保证室内的私密。坡度很缓的台阶、矮墙和灯具的细节给人以温和友好的印象。起居室里壁炉和旁边的长椅是赖特营造温馨氛围的常用搭配。长椅背后的墙，一半高至顶棚而另一半较低，既充当小门厅的影壁又保持视线的流通。壁炉另一侧靠近落地窗，摆着咖啡桌、椅子和三角钢琴。五把餐椅围绕着靠墙的餐桌宽敞地摆放，餐桌和厨房之间三角形的备餐间，非常实用并且能遮挡从起居室观看厨房的视线。

　　在纯正的尤松尼亚住宅里，厨房只是一片很小的开敞操作区。帕尔默住宅的厨房位置隐蔽并且面积更大，称职地服务于日后数十年的聚会招待。厨房的砖墙上有高低两排、一共40个镂空陶土砖（其中24个在两道外墙上）。外墙上较低的一排孔洞位于橱柜和操作台之间，尽管略低于成年人的视线高度，仍能看到入口的土丘和远处的景观。依照设计，橱柜选用没有门把手的规格。天窗投下明亮柔和的自然光，这个六边形的小空间，堪称赖特设计的最精彩的厨房。

　　连接三间卧室的走廊利用S形的曲折，无需任何门，就能彻底遮挡小门厅和起居室里的视线。走廊入口向上的三步台阶使人走得慢些，暗示这里是一个相对独立的静态区域。每间卧室都有固定在墙上的书架，沿着顶棚的下缘设有搁板，既遮挡住灯具也可摆饰物。主卧室有自己的卫生间和小壁炉。卧室里多数墙面转角都是 120°，并不影响使用，甚至比常规的 90° 墙角更实用宜人。至于六边形的床，实际证明足以满足正常的使用。

赖特并不讳言他的建筑里常见的"低矮"问题。他承认："依据人的尺度，我尽量把建筑的体量向水平方向延展，强调宽敞的空间感受。曾有人说，假如我（身高 1.71 米）再长高一些的话，我设计的住宅将会是截然不同的比例，也未可知吧。"男主人比利和赖特几乎一样高，女主人玛丽略低一些，因此帕尔默住宅沿用赖特的惯例，顶棚的最小高度定为 2 米（卧室走廊）。起居室的地板比卧室低三级台阶，起居室里最低的顶棚距地面 2.3 米，对于任何身高的人都不成问题。

最后需要强调的，也是最重要的，是从帕尔默住宅里的任何一处功能空间到另一处，无需穿过其他的功能空间，由此实现了一种理想的建筑理念：整座住宅里的所有主要空间都不会受到穿过交通的打扰，享受着彻底的安详。

■ 明亮与昏暗

帕尔默住宅室内的部分墙面是和外立面相同的红色黏土砖，除此之外的内墙面都是木板。出挑深远的屋檐底面也是木板。所有的室内地面都采用深红色的混凝土板。与室内以白色墙面为主的现代经典住宅相比，赖特的许多住宅室内都显得相对"昏暗"，常常被视为一个缺陷。

缺陷的具体表现之一，是玻璃门窗周围的深色墙面和白天室外明亮的背景形成过于强烈的反差。阿德里安记得他童年时在室内长时间阅读，白天也会觉得光线不足。另一方面，厨房和男主人的书房这两个对于照度要求很高的小空间，都有天窗提供充足的自然光。厨房的天窗像是布置在房间中央的无影灯，周围的操作台都有均匀的照度。书房里天窗的平面位置在书桌左侧，显然是考虑到比利用右手写字，要避免阴影（美国左撇子的比例较高）。这两个小空间的天窗带给室内充足而均匀的自然光，镂空陶土砖上的微型"窗户"不会产生令人不适的炫光。

图 2-54 就餐区

每一间卧室外墙的窗下都有固定的小书桌。起居室和卧室的顶棚下沿都有间接照明，灯光投射到顶棚再反射下来。较为低矮的水平顶棚上，有三角形小灯做补充照明。

值得强调的是，在现代社会明亮的总体环境下，相对而言的"昏暗"也有某些积极作用。在整体照度较低的环境中，你更容易把注意力集中在明亮的小区域。例如，帕尔默住宅的就餐区位于起居室的一角，靠近横向带窗。走廊里的光线很柔和，提示你这里通向卧室。不同空间的明暗对比也鼓励人在室内更频繁的走动，满足你探索和发现的好奇心。此外，光线较暗的区域细节变得模糊，加大景深的空间产生层次感和神秘感。赖特和他的许多住宅业主都把壁炉视为生活必需品。当散发着木柴芳香的火焰在坚实的炉膛里舞动时，你需要一个深色还是浅色的背景来衬托？

■ 住宅与基地

建筑师约翰·豪不仅是帕尔默住宅施工时的现场代表，而且也是日后加建茶室的设计者。更重要的是，他是赖特晚年最为倚重的助手之一。他认为："在赖特所有的住宅作品中，帕尔默住宅和用地贴合得最完美。"显然，他的用词不够准确，带有夸张的色彩，因为"所有的住宅作品"必然包括哈代住宅、"微雕"住宅（La Miniatura，1923 年）、流水别墅以及赖特自己的两处塔里埃森自宅。约翰·豪对流水别墅可谓了如指掌，并且在两处塔里埃森都生活多年。他的评价只是为了强调帕尔默住宅的建筑和用地之间非常自然的相互契合。

为了达到这种境界，帕尔默夫妇所起的作用不可忽视。在赖特最初的设计方案中，起居室外的平台朝向南面，平台的地坪比下方的坡地高将近 4 米，平台下方形成高耸的挡土墙。从南面和西南面观看，建筑具有强烈的雕塑效果。在帕尔默夫妇的坚持下，赖特将建筑整体逆时针旋转 90°。起居室的主朝向（室外平台）改为东向，也就是庭园的方向。从南面看，失去了戏剧化的雕塑感。然而，旋转的结果让起居室、室外平台、草地和庭园连成一体，同时更契合帕尔默夫妇对于

图 2-55　从草地看起居室外面的退台

园艺的爱好。两个孩子的婚礼都是在这片小平台和旁边的草地上举行的。帕尔默
夫妇的孙女薇薇安记得："坐在起居室里透过落地玻璃窗看着庭园，是我童年最美
好的回忆。"简而言之，牺牲了建筑的雕塑感，换来更自然、更丰富的生活乐趣。

改变朝向，为帕尔默住宅换来另一种戏剧化效果，那就是从外界进入住宅的
体验。帕尔默住宅给来访者的第一印象与赖特的许多尤松尼亚住宅截然不同。例
如戈切 - 温克勒住宅、皮尤住宅（Pew House，1940 年）、施瓦茨住宅（Schwartz
House，1940 年）、格兰特住宅（Grant House，1946 年）、戈登住宅（Gordon
House，1957 年）都是从刻意隐蔽的角落进入。根据第一印象，来访者想象不出整
个建筑的体量和面貌。

赖特把建筑旋转 90° 的同时，根据坡地的地形把它移动到新的位置，并相应
地修改了停车棚和挡土墙的细节。修改前，起居室和卧室组成的建筑体量（不含
停车棚）与地形的等高线基本垂直，近乎"架"在坡地上。入口的台阶位于南北
两侧坡地之间的"谷底"。修改后，建筑体量与等高线基本平行，就像"伏"在坡
地上。入口台阶的升起也更加贴合地形的升起，获得更开阔的视野。

■ 复杂的秩序

然而，帕尔默住宅的魅力显然不止于它的实用和适宜。它的空间以及围合成空间的构件，都展示着这座建筑惊人的复杂性和秩序性，或者说丰富变化同时的统一感。其他领域的艺术家早已总结过类似的规律。华兹华斯❶写道，诗作为一种词语的构图，它的美依赖"差异之中的相似"。霍普金斯❷称之为"差异调和的相似"。依照类似的规律，舞蹈是人体动作既统一又复杂的组合，音乐是声音元素既统一又复杂的组合。

帕尔默住宅的平面图或者几张照片，就足以展示它的复杂变化。帕尔默夫妇孙女的回忆证实了这一点："在这里你会发现许多不同的东西——每一个房间都藏着惊喜，一切都很别致，很有趣，不落俗套……各种不同角度的墙、与众不同的家具。"那么，与丰富的变化同样强烈的统一感，究竟从何而来呢？

在最直观的层面，这座建筑呈现的秩序非常简单。材料和颜色的种类都非常有限，开窗或洞口都保持在同一个高度。相对含蓄的秩序是，包括顶棚、门窗、窗台、固定书架、餐具搁架、壁炉旁长凳背后的矮墙，几乎所有构件的竖向标高都符合325毫米的模数。高度约300毫米和略微内凹的高度约25毫米的柏木条交替，形成水平方向的装饰线脚。

起居室的平面呈不规则的六边形。但是即便非常熟悉这座建筑的人，也不会想到用六边形来形容它。构成顶棚的三个斜面和它们的交接线、延伸到室外的悬挑屋顶、深凹的壁炉，共同暗示着起居室空间是一个巨大的"三角形"——安娜堡当地设计杂志刊登的文章，将之称为"三角形的起居空间"。身处其中，你的感受的确如此。在这个"三角形"空间里，任何两个角或两条边都给人以不同的印象。一方面，不存在精确的对称；另一方面，你能感觉到模糊的对称关系。中轴对称是建筑界普遍的手法。赖特的许多早期代表作，例如统一教堂、中路花园、帝国饭店、

---

❶　华兹华斯（William Wordsworth，1770～1850年）英国著名诗人。

❷　霍普金斯（Gerard Manley Hopkins，1844～1889年），英国著名诗人。

图 2-56 入口的台阶

切尼住宅和哈代住宅等，都是精确的中轴对称。两个方向的中轴对称也并不罕见，例如统一教堂和切尼住宅。

绝大多数的古代建筑和现代建筑，其平面都是长方形或正方形的组合，具有两个方向对称的可能性。普通的三角形根本没有对称轴，等腰三角形具有一个对称轴，而等边三角形和它衍生的六边形，却有三个不同方向的对称轴。

赖特在帕尔默住宅的起居室以微妙而复杂的方式实现了三个不同方向的"几乎对称"。指向起居室外的小平台是占主导地位的中轴。关于这条中轴，形成了最接近于精确的对称。围合成厨房的砖墙和壁炉旁长凳背后的通高墙，二者位置齐平并且长度相同。通向小平台落地窗两侧的砖柱严格地镜像对称。备餐间入口两侧的砖柱和壁炉两侧的砖柱，二者的形状和位置也关于这根中轴对称。而它们和落地窗两侧的砖柱之间明显的差异，使得关于另外两个中轴方向更偏离精确的对称。几乎对称而又偏离对称，是起居室空间令人印象深刻的根本原因。几乎对称，产生鲜明的秩序感和静态;偏离对称,既适应实用功能又唤起发现的乐趣乃至兴奋。这正是"差异之中的相似"或者"差异调和的相似"。

类似的三个方向的对称,以更简单的形式、更多的实墙在男主人小巧的书房里重现。

■ 分形的空间

为了理解帕尔默住宅平面的构成规律,我们将借助"分形"(Fractal)的概念:一个几何形划分成多个部分,而每一部分都是与整体形状完全相同、缩小的几何形,如此不断重复。罗马花椰菜是"分形"现象在自然界的代表。这种蔬菜整体像一个圆锥体,当你贴近观察会发现其实是许多个小圆锥体构成——而每一个小圆锥体又分成多个更小的圆锥体,继续如此细分,直到肉眼无法分辨。"科赫❶雪花"是纯粹几何的分形案例,等边三角形的边上加入缩小的等边三角形,如此重复乃至无限的"分形"。罗马花椰菜和科赫雪花展示了分形现象的两个特征:其一是它具有严格的层级秩序;其二是几何形总的边长或总的表面积随着细分而相应地增加。

帕尔默住宅和科赫雪花非常相似,都是许多尺寸递减的等边三角形的集合。一方面建筑不可能是纯粹严格的分形图案,因为建筑必须由真实的材料建造,必须满足人们真实的生活;另一方面,帕尔默住宅的平面构图的确存在一系列尺寸递减的等边三角形:起居室的屋顶、书房、停车棚旁的操作间、壁炉的轮廓、种植池、地板上的分格单元、停车棚和备餐间的三角形柱、入口台阶旁的景观灯、顶棚上的灯(最小的等边三角形)。

当然,你可以说在几乎所有常规的住宅平面里都能找到类似的"分形"现象。只不过长方形的"分形"现象在建筑界过于普遍。常规建筑中构件的分形并不严格,以不同尺寸重现的长方形存在各种比例而非相似形,其中还夹杂着正方形。许多现代住宅经典都是长方形"分形"的产物,包括赖特的大多数"草原风格"住宅、

---

❶ 科赫(Helge von Koch,1870 ~ 1924 年),瑞典数学家,1904 年提出图中的"科赫雪花曲线"。

图 2-57　自然界的分形游戏：罗马花椰菜

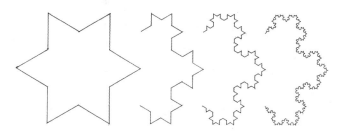

图 2-58　科赫雪花的分形过程

阿尔托的玛丽亚别墅（Villa Mairea）、柯布西耶的萨伏伊别墅（Villa Savoye）以及
密斯的吐根哈特住宅（Villa Tugendhat）和范斯沃斯别墅（Farnsworth House）。

　　帕尔默住宅的"分形"是完全不同的另一种情况。它的分形产物不是比例各
异的长方形，而是严格相似的等边三角形。赖特从未用过"分形"来形容他的作
品或设计过程——事实上，这个专门的名词是在他去世后的 20 世纪 70 年代才出
现的。借用分形的概念，将更容易理解许多令人困惑的自然现象。作为自然规律
的忠实信徒，他很可能不知不觉间从自然界获得某种灵感，用于建筑的几何构图。

　　分形的必然结果，是轮廓线的转折次数和总长度不断增加。在长方形构图的
建筑中，赖特喜欢用数量较多的转折的墙体增加空间的层次和趣味。在帕尔默住
宅中，这种手法的力度更强。两间卧室各有 6 个墙面，女儿玛丽的卧室有 9 个墙
面。联系卧室的走廊由 11 面或长或短的墙围合而成。对于起居室而言，这个数字

是 15。在面积很有限的小建筑里，数量惊人的墙面转折以及相应的数量惊人的墙体总长度，以某种形式让建筑向外延展，使人感觉它比实际尺寸更大。

墙面交汇的方式强化了这种错觉。既然采用正三角形为平面母题，绝大多数墙的交角似乎理所当然是 60°——事实并非如此。60° 的墙面交角，只在女儿的卧室出现两次，在主入口出现一次（"船头"）。此外，起居室和露台之间，两个砖柱和落地窗的平面夹角是 60°。其余大量的墙面交角都是 120°（或视为 240°）。以钝角交汇的两面墙，给人的感觉不是两个元素，而是一个转折的整体。帕尔默住宅里砖和木材相近的明度和颜色，进一步强化了这种整体感。

正如赖特在自传里描述的那样："流动的表面相互交融，…… 不再有背景与主体的对立，只有密不可分的整体。"很难找到比帕尔默住宅更好的实例，展示何为"流动的表面"。从一处空间流动到另一处空间，从一片实墙流动到另一片实墙，有丰富多变的转折，却没有阻断。在赖特的众多住宅作品中，这座住宅入口的处理手法颇为独特。在密歇根州冬季寒冷气候允许的条件下，相对的两面砖墙之间的入口空间保持通透，尽量和室内空间成为连续的整体。

■ 一首无声的乐曲

音乐是帕尔默夫妇生活中不可或缺的部分。玛丽第一次见到赖特，请他"设计一座住宅，让无穷丰富的音乐融为它的一部分。"这一点很可能促成了建筑师接受她的委托。赖特始终认为音乐是声音构成的建筑。他父亲是一位兼职做音乐教师的牧师。晚年的赖特在《一部自传》里回忆道："童年的我时常躺在床上聆听《悲怆奏鸣曲》——父亲在楼下弹奏施坦威钢琴。那时候，我对贝多芬的所有钢琴奏鸣曲都耳熟能详，就像日后我熟悉他的交响曲和四重奏那样。"

当少年赖特在自己舅舅的农场帮工时，就真切地领悟到音乐的起源："连续几个艰苦的体力劳动，会让身体的运动产生一种摇摆的节拍。民间舞蹈全都起源于此，宗教祭祀的舞蹈也是一样。"和他的许多业主一样，赖特也是一位颇具水准的业余钢琴家。

要理解建筑和音乐的关系，不能止步于"建筑是凝固的音乐"这种笼统的陈词滥调。事实上，建筑与音乐有本质上的差异。体验音乐完全依赖欣赏者的听觉，具体而言，是人类耳膜的震动规律。而体验建筑基本上依赖欣赏者的视觉。此外，任何一段音乐都是一段时间的流逝。有趣的是，建筑通常采用坚固的材料和施工方式，其目的正是为了抗拒时间的流逝。

然而，如果我们超越感官的体验，"抽象"地看待音乐，它的确和建筑有深刻的相似之处。一件内容丰富的音乐或建筑作品都由简单模块的重复和变奏生成。赖特从不把他设计的某座建筑与某一首具体的乐曲直接联系在一起。但是如果把帕尔默住宅和音乐做这种意义上的类比，最恰当的对象显然是贝多芬的作品。在赖特心目中，贝多芬是"古往今来最伟大的建筑师"。赖特尤其喜爱他的钢琴奏鸣曲。

赖特写道："在贝多芬的音乐里，我感受到大师的思维，为了实现个性的抗争，蕴涵于丰富之中的统一，设计的深刻以及最终表达的从容，所有这些都是建筑师与音乐家共享的肌理。有条不紊的进程、主题的演变、变化无穷的肌理以及与整体合一的装饰。"

钢琴家布伦德尔❶是诠释贝多芬钢琴奏鸣曲的权威。他同样认为"贝多芬作曲就像在设计建筑"。布伦德尔这样分析贝多芬的钢琴奏鸣曲："无论多个主题显得多么不同，无论它们在展开的过程中对抗多么激烈，主题的特征始终是全曲的统领，就像国王统治着他的宫廷。"

把这种对音乐的分析应用于建筑，具体的着力点是数学，更准确地说是几何。使用者在空间中的行进流线、图案在不同构件上的衍生变化，都源自一个明确的几何主题，它"就像国王统治着他的宫廷"。帕尔默住宅的等边三角形与其说是"主题"，不如说是"元素"。帕尔默住宅的"主题"不是具体的某个几何形，而是由非矩形、颜色基本一致的构件围合成的空间流动性。在整体的背景里，空间的或大或小、或明或暗形成强烈的对比。

时间在建筑和音乐中扮演的角色既有如前所述的不同，也有某种程度的相似。

---

❶　布伦德尔（Alfred Brendel，1931 ～ ），奥地利著名钢琴家，以诠释贝多芬、舒伯特等德国与奥地利作曲家的作品著称。

图 2-59 赖特的草原风格代表作赫特利住宅，西北方向外立面

我们真实的建筑体验往往伴随着时间的流动。当你穿过建筑空间时，某些构件会同时出现，某些构件会按照顺序出现。在哥特式或巴洛克式大教堂里沿着柱廊走近圣坛，我们很容易体会到时间流动的节奏。在帕尔默住宅中，颜色接近（红砖或木板）的许多段墙面可以解读为同时或顺序出现的乐句，它们共同构成一个曲折的连续表面。随着你在空间里走动，视线顺着砖墙和柏木板的水平分缝移动。在整体感极强的背景旋律里点缀着镂空陶土砖上亮斑的装饰音。

让我们对比赖特的另外两件住宅杰作。汉纳住宅米黄色的顶棚和红砖的室内墙面对比鲜明，帕尔默住宅的顶棚和局部墙面采用相同的木板，后者具有更强的整体流动感。流水别墅完全由直角构成，它的主要特征是混凝土、天然石材和红色窗框的对比，以及多个体块的精巧构成，但缺少帕尔默住宅的空间连续性。总体而言，建筑师赖特的设计过程就像是作曲。这一类比尤其适用于帕尔默住宅。从某种角度衡量，帕尔默住宅具有异乎寻常的"音乐性"。

我们对建筑与音乐的讨论在此暂歇。正如赖特本人强调的那样，一切类比都应当适可而止。

■ 帕尔默住宅在赖特毕生事业中的位置

1902 年，赖特设计了位于芝加哥郊区橡树园的赫特利住宅（Heurtley House），和当时他自己的家距离仅有半个街区。建筑史学家格兰特·曼森（Grant Manson），专注于研究赖特的"第一个黄金年代"。他认为："（赫特利住宅）被公认为早期草原住宅的珍品"。琥珀色的砖、成对凸出墙面的砖线脚，其细节之典雅在赖特的所有作品中都属罕见。外立面的彩色镶嵌玻璃在夏日的夕阳中熠熠闪光。它的室内经过精心修复，呈现出刚建成时候的模样。赫特利住宅的室内浸润在粉彩画一般的暖色调中，枫木线脚的颜色比赖特当时常用的橡木等木材浅得多。顶棚直接呼应坡屋顶的形状，第一次出现在赖特设计的住宅里，产生强烈的竖向空间感。

赫特利住宅和帕尔默住宅的设计时间相隔半个世纪，却有诸多相似之处。屋顶的坡度、屋檐和封檐板的处理都非常接近，它们有比例很接近的联排玻璃窗，也有赖特作品中最精美的砖墙。入口处都有几级台阶向上，都有醒目的三角形"船头"突出。起居室的顶棚是另一个重要的共同点。帕尔默住宅起居室的顶棚由三片倾斜角度相同的斜面，交汇在距地板 4.2 米处的顶点。顶棚上的木板条分格线形成大小渐变的等边三角形图案，呼应并且强调整个建筑的几何母题。正是由于顶棚的独特形态，才使得帕尔默住宅的起居室面积并不大，显得非常宽敞，甚至有一种气势。这种手法可以追根溯源到赫特利住宅。

1949 年，美国建筑师协会（AIA）向赖特颁发了相当于终身成就奖的金质奖章。赖特在一年后开始设计帕尔默住宅。日后美国建筑师协会认定的"十七座最重要的赖特作品"当中，有九座住宅：橡树园自宅与工作室、温斯洛住宅、塔里埃森、

图 2-60 赫特利住宅的起居室，屋顶并没有天窗，而是电灯照亮的彩色镶嵌玻璃。顶棚直接呼应坡屋顶的形状，第一次出现在赖特设计的住宅里，日后在他的许多住宅或公共建筑作品里使用

图 2-61　帕尔默住宅起居室，向北面看

图 2-62 帕尔默住宅入口处全景

西塔里埃森、蜀葵住宅、流水别墅、威利茨住宅、罗比住宅和汉纳住宅。

　　尽管这个"最重要的赖特作品"名单具有相当的权威性,此后半个多世纪里,建筑史学家们仍纷纷提出修改意见。库恩利住宅(Coonley House,1906 年)具有独特而精彩的空间流动性,赖特本人曾在《一部自传》中宣称,它是自己那个时期最出色的作品。此外,位于洛杉矶的四座混凝土砌块住宅,至少应当有一座入选——或许首选是被赖特称作"微雕"的梅拉德住宅。他认为:"设计罗马圣彼得大教堂的殊荣也不及创造这座小房子的机会珍贵。"经过修复的赫特利住宅完全有资格上榜,它是赖特天才的住宅设计手法第一次全面的集合,其重要性胜过目前这一名单上的温斯洛住宅和威利茨住宅。

　　帕尔默住宅的许多特征,使它同样具有列入"最重要的赖特作品"榜单的潜力。在赖特晚年仍精力充沛的时刻,他亲自设计的细节遇到了高水平的施工者。建筑和本身就是一道风景的项目用地之间优雅地契合。建成半个世纪以来,最初的业主始终对它精心呵护。必须承认,即便是晚年赖特这样功力深厚的建筑大师,要实现一件杰作仍离不开设计者和业主的真诚合作。帕尔默夫妇提供的机会,让赖特实现了他晚年最独特的杰作之一,而女主人玛丽也在这座建筑里实现了自己人生的意义。

帕尔默住宅建设年表

1949 年

5 月	玛丽和威廉·帕尔默夫妇买下两个地块，紧邻密歇根大学所在小城安娜堡的东侧。

1950 年

2 ~ 3 月	帕尔默夫妇结识密歇根州的两座赖特住宅作品的主人：阿弗莱克夫妇和史密斯夫妇。他们参观了平面含三角形的安东尼住宅（或许还有其他赖特设计的住宅）。
4 月 17 日	玛丽第一次给赖特去信。
5 月 16 日	玛丽在北卡罗来纳州的莱利与赖特会面。
8 月 22 日	帕尔默夫妇前往威斯康星州的塔里埃森，拜访赖特并审看第一轮草图。
9 月末	玛丽再次造访塔里埃森（带着一罐自制果酱），与赖特商讨设计方案。

1951 年

1 月 6 日	玛丽驾车从密歇根州出发，到达亚利桑那州的西塔里埃森，拜访赖特并确定最终的设计修改和细节。
1 月末	完整的施工图从赖特的工作室送达安娜堡。
2 ~ 3 月	施工承包商审阅施工图，提出预算报价，和帕尔默夫妇签订合同。

4 月 11 日	获得当地的施工许可。
4 月 20 日	赖特在电报中确认施工采用的砖和定制的异形砌块。
5 月 15 日	在赖特设计的史密斯住宅,玛丽介绍。
6 月 19 日	破土动工,赖特的得力助手之一约翰·豪依照合同来到现场,作为建筑师派驻的代表。
12 月	进入冬季,除了铺设地暖水管,其余施工暂停。

1952 年

4 月	施工重新开始。
12 月 16 日	施工结束,帕尔默夫妇迁入新居。

1954 年

5 月 26 日	赖特第一次到访帕尔默住宅。弦乐四重奏乐队在起居室演奏,赖特调整演奏者的座位以改善声响效果。

1955 年

5 月	帕尔默夫妇买下了相邻的另一个地块,赖特设计了草地北端的庭园景观墙。

1957 年

10 月 22 日	赖特在密歇根大学建筑和设计学院发表演讲,顺路第二次(也是最后一次)到访帕尔默住宅,在此过夜并接受当地广播电台的采访,节目于 10 月 26 日播出。

附录　赖特生平年表

1844 年，外祖父理查德·劳埃德 - 琼斯携全家从英国的威尔士移民美国。

1865 年，母亲安娜与父亲威廉·罗素·赖特结婚。

1867 年 6 月 8 日，弗兰克·林肯·赖特生于威斯康星州的里奇兰。

1869 年，全家迁往艾奥瓦州的麦克格里格。

1874 年，全家迁往马萨诸塞州的威茅斯。

1878 年，全家迁回威斯康星州的麦迪逊，从该年夏天起在舅舅的农场帮工。

1885 年，父母离婚。更名为"弗兰克·劳埃德·赖特"。

1886 年，开始就读于威斯康星大学结构工程系。

1887 年，独自来到芝加哥，进入斯尔思比事务所。

1888 年，进入艾德勒与沙利文事务所。

1892 年，离开艾德勒与沙利文事务所。

1893 年，独立创业。

1905 年，第一次赴日本旅行，从此开始收集浮世绘。

1911 年，开始建造威斯康星州的塔里埃森。

1915 ~ 1922 年，数次往返美国与日本之间，设计东京帝国饭店（1968 年被拆毁，门厅及水池移至名古屋附近的明治村）。

1923 年 9 月 1 日，帝国饭店开业典礼，同日发生关东大地震。

1923 年，混凝土砌块住宅"微雕"（梅拉德住宅）建成。

1925 年，塔里埃森第二次失火。

1932 年，创办"塔里埃森学徒会"。

1937 年，开始在亚利桑那州建造西塔里埃森；流水别墅建成。

1939 年，约翰逊制蜡公司办公楼建成。

1941 年，被授予"英国皇家建筑师协会金奖"。

1949 年，被授予"美国建筑师协会金奖"。

1950 年，约翰逊制蜡公司实验楼建成。

1952 年，帕尔默住宅建成。

1959 年 5 月 9 日，病逝于亚利桑那州的西塔里埃森。

1959 年 10 月，纽约古根海姆博物馆正式建成开放。

1966 年，美国邮政发行面值 2 美分的邮票，图案为赖特头像及纽约古根海姆博物馆。

图片版权

图 1-4　照片版权所有:《每日时报》

图 1-11　版权所有:弗兰克·劳埃德、赖特基金会

图 2-4　摄影:Randal Stegmeyer

图 2-10　摄影:Balthazar Korab

图 2-11　摄影:Balthazar Korab

图 2-14　摄影:Randal Stegmeyer

图 2-15　摄影:Randal Stegmeyer

图 2-16　摄影:Randal Stegmeyer

图 2-17　摄影:Randal Stegmeyer

图 2-18　摄影:Randal Stegmeyer

图 2-23　摄影:Balthazar Korab

图 2-24　摄影:Randal Stegmeyer

图 2-25　摄影:Randal Stegmeyer

图 2-28　摄影者未知,弗兰克·劳埃德·赖特基金会档案收集,承蒙 Mary Palmer 惠许

图 2-38　摄影者未知,由帕尔默夫妇收藏

图 2-39　摄影者未知,由帕尔默夫妇收藏

图 2-41　摄影者未知,由帕尔默夫妇收藏

图 2-44　摄影:David Capps

图 2-45　摄影:Balthazar Korab

图 2-46　摄影:Randal Stegmeyer

图 2-48　绘制:Bill Hook

图 2-50　摄影:Randal Stegmeyer

图 2-51　摄影者与拍摄日期不详,由帕尔默夫妇收藏,承蒙 Mary Palmer 惠许

图 2-53　摄影:David Capps

图 2-61　摄影:Randal Stegmeyer

图 2-62　摄影:Randal Stegmeyer